Die
Ernährung des Menschen

Nahrungsbedarf · Erfordernisse der Nahrung
Nahrungsmittel · Kostberechnung

Von

Dr. Otto Kestner und Dr. H. W. Knipping

Professor · Direktor   Privatdozent · früh. Assistenten
des Physiologischen Instituts an der Universität Hamburg

Mit zahlreichen Nahrungsmitteltabellen
und 10 Abbildungen

Dritte Auflage

Springer-Verlag Berlin Heidelberg GmbH 1928

ISBN 978-3-662-27556-6   ISBN 978-3-662-29043-9 (eBook)
DOI 10.1007/978-3-662-29043-9

Vorwort zur ersten Auflage.

Das vorliegende kleine Buch wendet sich an einen weiten Leserkreis,
einmal an den Physiologen, den Arzt, den Nahrungsmittelchemiker,
sodann aber an alle, denen die Verantwortung für die Ernährung
größerer Gruppen von Menschen obliegt, an die Leiter von Volksküchen
oder anderen Massenspeisungen, die Verwalter von Erholungsheimen
oder geschlossenen Anstalten aller Art, schließlich an die Hausfrau.

Es bringt in seinem ersten, allgemeinen Teile die wichtigsten Ergebnisse der Forschung über den Nahrungsbedarf des Menschen, über
die Ansprüche, die an die menschliche Nahrung nach Menge, Wärmewert und Gehalt an einzelnen Nährstoffen zu stellen sind, über das
Schicksal der Nahrung im Körper, ihre Ausnutzung und ihren Sättigungswert. Unter anderem sind hier die Tabellen der Amerikaner Benedict
und Harris über den Grundumsatz des Menschen je nach Alter, Größe,
Gewicht und Geschlecht wiedergegeben, und zwar in einer auf Grund
eigener Beobachtungen auf Kinder und Jugendliche ausgedehnten Form.

In dem zweiten, besonderen Teile sind die einzelnen Lebensmittel
in ihren für die Ernährung wichtigen Eigenschaften kurz besprochen:
Zusammensetzung der verschiedenen vorkommenden Sorten, Wärmewert, Ausnutzbarkeit, Sättigungswert, biologische Wertigkeit des
Eiweißes, Gehalt an Vitaminen, Menge des nicht eßbaren Abfalles der
Marktware bei der küchenmäßigen Zubereitung, Veränderungen beim
Aufbewahren, bei der Zubereitung, der Konservierung usw. Dabei
wurden auch die einschlägigen Arbeiten Rubners aus der Kriegszeit
verwertet. Der Gehalt der Lebensmittel an den Hauptbestandteilen,
wie er sich auf Grund sorgfältiger kritischer Überprüfung des umfassen-
den, in der Fachliteratur niedergelegten Zahlenmaterials entweder als
Mittelwerte oder für ausgewählte typische Beispiele ergeben hat, ist
jeweils in einheitlicher Tabellenform dem Text gegenübergestellt und
daraus der Wärmewert mit Hilfe der Rubnerschen Faktoren berechnet.

In besonders hervorgehobenen Spalten der Tabellen sind die für
den Menschen ausnutzbaren Anteile des Wärmewertes und des Stickstoffes bzw. Eiweißes (Reinkalorien, Reinstickstoff, Reineiweiß) zu-

1*

sammengestellt, wie sie für die Berechnung der menschlichen Kost benutzt werden müssen. Endlich ist am Schluß eine Übersichtstabelle angefügt, die kurz das zusammenfaßt, was für die praktische Bewertung der menschlichen Nahrungsmittel in Betracht kommt.

Der allgemeine Teil ist unter Verwertung einiger aus der praktischen Erfahrung des Reichsgesundheitsamtes sich ergebenden Anregungen von Kestner und Knipping gemeinsam verfaßt. Der besondere Teil ist, soweit es sich um Nahrungsmittelkunde und Nahrungsmittelchemie handelt, überwiegend durch die Fachreferenten des Reichsgesundheitsamtes bearbeitet worden, die physiologischen Angaben darin von Kestner und Knipping.

Die Verfasser.

Vorwort zur zweiten Auflage.

In der zweiten Auflage sind die Grundumsatztabellen erweitert und dadurch handlicher gemacht worden. Sonst ist im allgemeinen Teil wenig verändert. Im speziellen Teil sind die Verfasser gelegentlich darauf hingewiesen worden, daß die Zahlen für Roheiweiß und Reineiweiß, für Rohkalorien und Reinkalorien bei ein und demselben Nahrungsmittel nicht immer zusammen stimmen. Es beruht das darauf, daß Roh- und Reinwerte an verschiedenem Material gewonnen wurden. Es muß immer wieder darauf hingewiesen werden, wie groß die Unterschiede bei verschiedenen Proben desselben Nahrungsmittels sein können. Es ist versucht worden, gröbere Abweichungen möglichst zu vermeiden.

Die Verfasser.

Vorwort zur dritten Auflage.

In der dritten Auflage erscheint das Reichs-Gesundheitsamt nicht mehr als Herausgeber, da es die Nahrungsmitteltabellen des besonderen Teiles, an denen es wesentlich mitgearbeitet hat, selbst herauszugeben wünscht. Die Einleitung zum besonderen Teil, die im wesentlichen für Nahrungsmittelchemiker von Interesse war, ist infolgedessen stark gekürzt worden. Vom gleichen Gesichtspunkt aus sind auch sonst im besonderen Teil Kürzungen und Vereinfachungen vorgenommen worden. Der allgemeine Teil ist einer genaueren Durchsicht unterzogen und mannigfach geändert worden. Das Vitaminkapitel wurde neu geschrieben.

Die Verfasser.

Inhaltsverzeichnis.

Allgemeiner Teil.

Eine richtige Ernährung muß folgende Bedingungen erfüllen:

1. Sie muß dem menschlichen Körper die nötige Menge von Kalorien zuführen.

2. Sie muß die nötige Menge stickstoffhaltiger Substanz (Eiweiß) enthalten.

3. Sie muß die erforderliche Menge von Wasser und Salzen enthalten.

4. Sie muß die erforderlichen Vitamine enthalten.

5. Sie muß gut schmecken und die Tätigkeit des Magens genügend anregen.

6. Sie muß den nötigen Sättigungswert haben.

7. Sie muß die ausreichende Menge Zellulose enthalten.

Diese Erfordernisse sind ernährungsphysiologisch ohne Ausnahme wichtig und müssen gut gegeneinander abgewogen werden. Die meisten Fehler in Ernährungsdingen kommen dadurch zustande, daß nur die eine oder die andere Bedingung berücksichtigt wird. Über die Art, wie man die verschiedenen Erfordernisse gegeneinander ausgleicht, s. S. 30 und 65.

I. Nährwert und Wärmewert (Kaloriengehalt) der Nahrung.

Man bezeichnet den Wärmewert (Kaloriengehalt) einer Nahrung auch als den Nährwert. Eine Nahrung kann noch durch vieles andere für den Menschen von großer Bedeutung sein. Nährwert ist aber der gebräuchliche Kunstausdruck für den Kaloriengehalt einer Nahrung.

Die Nahrung verbrennt im Körper zum großen Teil: ihr Kohlenstoff wird mit dem eingeatmeten Sauerstoff zu Kohlensäure, ihr Wasserstoff zu Wasser. Gleichzeitig liefert sie bei der Verbrennung eine bestimmte Menge Wärme, die in Wärmeeinheiten oder Kalorien ausgedrückt werden kann. Eine (große) Kalorie (1 Cal) ist diejenige Menge Wärme, die erforderlich ist, um 1 kg Wasser um 1° zu erwärmen. Durch die Verbrennungswärme hält der menschliche Körper seine Temperatur aufrecht, und durch Überführung in andere Energieformen leistet das

Protoplasma seine gesamte Arbeit. Der Umfang der Verbrennungen im Körper bestimmt daher seinen Bedarf an Nahrung. Man mißt diese Größe in zweierlei Weise:

1. Man untersucht die Atmung des Menschen und berechnet daraus seinen Verbrauch an Sauerstoff und seine Produktion an Kohlensäure. Die Werte drückt man entweder in Kubikzentimetern Sauerstoff für die Minute aus, oder man berechnet, wieviel Verbrennungswärme in Kalorien dem verbrauchten Sauerstoff entspricht. Wenn man die beiden Werte ineinander überführen will, so bedient man sich am bequemsten der folgenden Zeichnung (Abb. 1):

Wenn das Verhältnis von Kohlensäure zu Sauerstoff, der sogenannte respiratorische Quotient (RQ), bekannt ist, so bekommt man mittels der schrägen Linie in Abb. 1 für jeden respiratorischen Quotienten eine Zahl zwischen 6,9 und 7,25. Mit dieser Zahl multipliziert man die Kubikzentimeter Sauerstoff in 1 Min., um daraus die Kalorien in 24 St. zu erhalten, oder man dividiert die Kalorienmenge in 24 St., um die Sauerstoffmenge in 1 Min. zu bekommen. Ist die Kohlensäure nicht bekannt, so nimmt man als respiratorischen Quotienten 0,85 an (0,707).

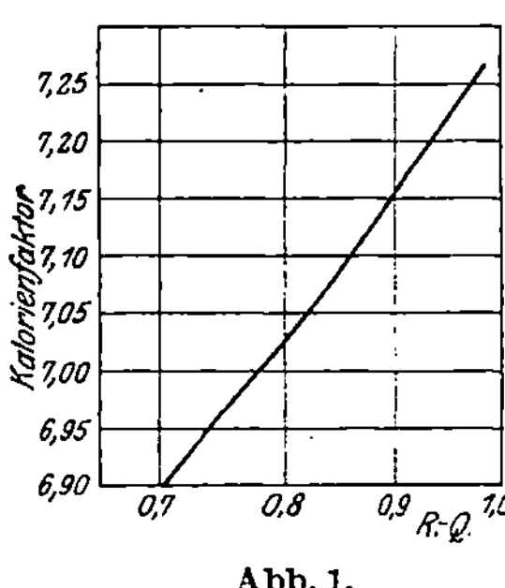

Abb. 1.

Atwater und Benedict haben die Wärmemenge, die der menschliche Körper abgibt, auch unmittelbar gemessen und sie mit der aus dem Sauerstoff berechneten übereinstimmend gefunden[1]. Nur unter besonderen Bedingungen, Fieber, starke Muskelarbeit und Hunger, gibt es hier Abweichungen, mit denen bei der gewöhnlichen Ernährung nicht zu rechnen ist.

2. Man untersucht die Nahrung eines Menschen, indem man sie in einem Kalorimeter verbrennt und die Wärmemenge in Kalorien mißt, die dabei entsteht. Besser ist es, die chemische Zusammensetzung der Nahrung zu ermitteln und daraus die Wärmemenge in Kalorien zu berechnen, die bei ihrer Verbrennung entstehen kann. Denn von den vielen in der Nahrung enthaltenen Stoffen liefern nur 3 Gruppen von chemischen Verbindungen für den Menschen in Betracht kommende Mengen von Energie: nämlich die Kohlenhydrate (Stärke und Zucker), die Fette und die Eiweißkörper. Nach Rubner gelten dafür folgende Werte:

1 g Stärke oder Zucker liefert 4,1 Cal,

1 g Fett liefert 9,3 Cal,

1 g Eiweiß liefert 4,1 Cal.

Da die Nahrung im Körper nicht vollständig verbrennt, sind diese sogenannten Standardwerte besser als die durch die direkte Kalori-

---

[1] Tigerstedt, R.: Lehrbuch der Physiologie. 10. Aufl. 1923. S. 111.

metrie der Nahrung gewonnenen. Berechnet man auf Grund dieser Werte die in der Nahrung eines Menschen enthaltene Kalorienmenge und bestimmt bei ihm mit den Einrichtungen von Benedict gleichzeitig die von ihm wirklich abgegebene Kalorienmenge, so hat sich eine Übereinstimmung bis auf 0,17% gefunden[1].

Diese Bestimmung in der Nahrung ist bei Fetten und Kohlenhydraten einfach und einwandfrei; bei Eiweiß nicht, weil der Stickstoff des Eiweißes von dem menschlichen Körper nicht verbrannt wird, wohl aber im Kalorimeter. Die Zahl 4,1 ist daher nicht die Verbrennungswärme des Eiweißes, sondern eine willkürliche Zahl, die Rubner gefunden und die sich bewährt hat[2].

Eine gewisse Unsicherheit kann in die Berechnung der Kalorien eines Nahrungsmittels dadurch hereinkommen, daß die Nahrungsstoffe nicht immer vollständig aufgesogen werden, sondern ein Teil mit dem Kot verloren geht. Infolgedessen muß man bei vielen Nahrungsmitteln Rohkalorien und Reinkalorien unterscheiden. Rohkalorien entsprechen dem, was gegessen wird. Reinkalorien sind das, was dem Körper zugute kommt. Der Unterschied ist bei den aus dem Tierreich stammenden Nahrungsmitteln, ferner bei Zucker, feinem Weizenmehl und Pflanzenfetten ganz unbedeutend, bei zellulosehaltiger Pflanzennahrung, d. h. bei Brot aus grobem Mehl, Gemüse, Obst usw. sehr bedeutend. Näheres s. im besonderen Teil und Kap. VIII. In diesem allgemeinen Teil werden unter Kalorien immer Reinkalorien verstanden werden.

Den Stoffwechsel des Menschen, ausgedrückt in Sauerstoff oder in Kalorien, setzen folgende 5 Anteile zusammen:

1. Der Grundumsatz. Darunter versteht man den Umsatz des ruhig liegenden, nüchternen Menschen, bei dem Gehirn, Muskeln und Verdauungsorgane nach Möglichkeit untätig gehalten werden.

2. Die Steigerung durch die Nahrungsaufnahme.

3. Die Herabsetzung durch hohe Außentemperatur.

4. Die Steigerung durch Gehirntätigkeit.

5. Die Steigerung durch Muskeltätigkeit.

6. Die Steigerung im Höhenklima und im Seeklima.

1. Der Grundumsatz.

Der Grundumsatz des Menschen ist verschieden nach Größe, Gewicht, Alter und Geschlecht. Vielfach wird der Grundumsatz in Kalorien für 1 kg angegeben. Der normale Umsatz ist aber, auf das Kilogramm berechnet, verschieden groß, und die Berechnung auf das Kilogramm sollte daher vollständig verschwinden. Etwas besser ist die Bestimmung der Kalorien auf 1 qm Oberfläche.

---

[1] Tigerstedt, R.: Lehrbuch der Physiologie. 10. Aufl. 1923. S. 111.
[2] Rubner, M.: Zeitschr. f. Biol. Bd. 42, S. 261. 1901.

Auch die Berechnung auf die Oberfläche gibt aber keine übereinstimmenden Werte, weil die Oberfläche aus dem Gewicht errechnet wurde und offensichtlich ein kleiner dicker Mensch, ernährungsphysiologisch betrachtet, etwas ganz anderes ist als ein magerer langer von gleichem Gewicht.

Am zweckmäßigsten ist es, für den Grundumsatz die beifolgende große Tabelle zu benutzen. Sie stammt von Benedict und Harris[1] und ist von den Verfassern auf Kinder und Jugendliche unter 21 Jahren erweitert worden. Man ermittelt für den betreffenden Menschen Größe, Gewicht und Alter und erhält daraus in den Tabellen 2 Zahlen, die addiert werden müssen. Jede Zahl für sich ist bedeutungslos, nur die Summe der beiden Zahlen gilt und ist der

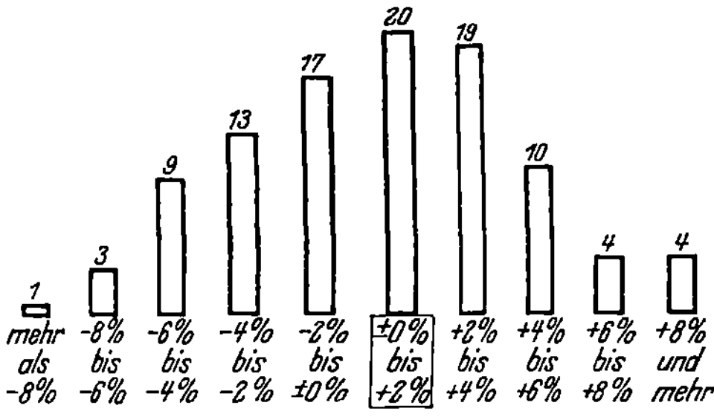

Abb. 2.

Grundumsatz. Die Gültigkeit der Tabelle ist an einer sehr großen, nach Tausenden zählenden Personenzahl erprobt worden. Ihre Genauigkeit ist überraschend groß. Abweichungen der im Gaswechselversuch ermittelten Werte von diesen errechneten nach oben um mehr als 5% sind bei Gesunden selten, Abweichungen nach unten um mehr als 5% kommen nur dann vor, wenn der Betreffende durch lange Übung seine Muskeln etwas mehr entspannt, als es normalerweise der Fall ist.

Die letzten hundert von den Verfassern untersuchten Menschen ohne endokrine Störungen sind in Abb. 2 graphisch angeordnet. 20 ergaben genau den Tabellenwert, 17 + 19 (also zusammen 36) wichen nur um 2% ab; um mehr als 8% wichen nur 5 ab. Es ist das eine fast typische Streuungskurve. Man sieht, wie außerordentlich gering die Wahrscheinlichkeit größerer Abweichungen von der Norm ist.

Für praktische Bedürfnisse außer den Ernährungsberechnungen sind die Zahlen vor allem wichtig für die Bestimmung des Stoffwechsels

---

[1] Harris, J. A. u. F. G. Benedict: A biometric study of basal metabolism in man. 1919. Carnegie Inst. of Washington, Public. Nr. 279, S. 190, 194. Benedict, F. G.: Proc. Nat. Acad. Sci. Bd. 6, S. 7. 1920; Boston med. a. surg. Journ. Bd. 188, S. 137. 1923.

bei Stoffwechselerkrankungen; denn jede stärkere Abweichung von
den Zahlen der Tabelle beweist eine Störung im Stoffwechsel, in der
Regel von den Drüsen der inneren Sekretion ausgehend.

Beispiel.

Männliche Person von 60 kg, 163 cm und 25 Jahren.
Grundzahl für Gewicht .... 892 Kalorien
Zweite Zahl für Alter und Größe .... 647 „
also Grundumsatz 1539 Kalorien

(Zwischenliegende, nicht angegebene Werte lassen sich leicht errechnen.)

Grundzahl für Gewicht.

Männliche Personen.

kg	Cal	kg	Cal	kg	Cal	kg	Cal	kg	Cal	kg	Cal
3	107	24	396	45	685	65	960	85	1235	105	1510
4	121	25	410	46	699	66	974	86	1249	106	1524
5	135	26	424	47	713	67	988	87	1263	107	1538
6	148	27	438	48	727	68	1002	88	1277	108	1552
7	162	28	452	49	740	69	1015	89	1290	109	1565
8	176	29	465	50	754	70	1029	90	1304	110	1579
9	190	30	479	51	768	71	1043	91	1318	111	1593
10	203	31	493	52	782	72	1057	92	1332	112	1607
11	217	32	507	53	795	73	1070	93	1345	113	1620
12	231	33	520	54	809	74	1084	94	1359	114	1634
13	245	34	534	55	823	75	1098	95	1373	115	1648
14	258	35	548	56	837	76	1112	96	1387	116	1662
15	272	36	562	57	850	77	1125	97	1400	117	1675
16	286	37	575	58	864	78	1139	98	1414	118	1688
17	300	38	589	59	878	79	1153	99	1428	119	1703
18	313	39	603	60	892	80	1167	100	1442	120	1717
19	327	40	617	61	905	81	1180	101	1455	121	1730
20	341	41	630	62	918	82	1194	102	1469	122	1744
21	355	42	644	63	933	83	1208	103	1483	123	1758
22	368	43	658	64	947	84	1222	104	1497	124	1772
23	382	44	672								

Zweite Zahl für das Alter der Kinder zwischen 0 und 12 Monaten.

Knaben.

0	2	4	6	8	10	12 Monate
45	105	160	210	245	270	290 Cal

Zweite Zahl für Alter und Größe.

Männliche Personen.

Größe	Jahre																			
	1	2	3	4	5	6	7	.8.	9	10	11	12	13	14	15	16	17	18	19	20
40	—40																			
44	± 0																			
48	+40	10																		
52	80	50	15																	
56	120	90	55	25	0															
60	160	130	95	65	40	15														
64	200	170	135	100	70	40	10													
68	240	210	175	145	110	80	50	20												
72	280	250	215	180	150	120	90	65	40											
76	320	290	255	225	190	160	130	105	80	55	30									
80	360	330	295	265	230	200	170	145	120	95	70	50								
84	460	370	335	300	270	240	210	185	160	135	110	85	60							
85	440	410	375	345	310	280	250	225	200	180	160	130	100							
92	480	450	415	385	350	320	290	270	250	235	220	180	140	120	100					
96	520	485	455	425	390	360	330	315	300	290	280	230	180	160	140	126	113			
100	560	530	495	460	430	400	370	360	350	340	330	280	230	205	180	166	153	140	128	
104		570	535	500	470	440	410	405	400	395	390	330	280	250	220	210	193	180	168	155
108		610	575	540	510	480	450	450	450	450	450	390	330	300	260	245	233	221	208	196
112			615	580	550	520	490	495	500	500	500	440	380	340	300	287	273	261	248	235
116			655	620	590	560	530	540	550	550	550	490	430	385	340	327	313	300	288	276
120			695	660	630	605	580	590	600	600	600	540	480	430	380	368	353	341	328	316
124				690	670	650	630	635	640	645	650	590	530	470	420	417	393	381	368	356
128				725	710	695	680	685	690	695	700	640	580	520	460	448	433	421	408	395
132					750	735	720	730	740	745	750	690	630	570	500	486	473	460	448	436
136					790	780	770	775	780	790	800	740	680	620	540	526	513	500	488	476
140					830	820	810	820	830	835	840	780	720	650	580	565	553	540	528	516
144						850	860	870	880	885	890	825	760	690	620	607	593	580	568	555
148						890	900	910	920	935	950	885	820	740	660	647	633	621	608	595
152							940	950	960	975	990	925	860	780	700	685	673	660	648	635
156							970	980	990	1020	1030	960	890	815	740	725	713	698	678	661
160							1030	1025	1020	1040	1060	990	920	850	780	761	743	726	708	690
164								1050	1060	1080	1100	1040	960	885	810	794	775	755	738	721
168									1100	1120	1140	1070	1000	920	840	820	803	785	768	745
172										1180	1190	1110	1020	940	860	840	823	806	788	760
176											1230	1140	1040	960	880	860	843	825	808	780
180												1170	1060	980	900	880	863	845	828	800
184														1000	920	903	883	865	848	815
188															940	920	903	885	868	840
192																	923	906	888	850
196																			908	860
200																				870

Zweite Zahl für Alter und Größe.

Männer.

cm	21	23	25	27	29	31	33	35	37	39	41	43	45	47	49	51	53	55	57	59	61	63	65	67	69	71
151	614	600	587	573	560	547	533	520	506	493	479	466	452	439	425	412	397	384	370	357	343	330	316	303	289	276
153	624	611	597	584	570	557	543	530	516	503	489	476	462	449	435	422	407	394	380	367	353	340	326	313	299	286
155	634	621	607	594	580	567	553	540	526	513	499	486	472	459	445	431	417	404	390	377	363	350	336	323	309	296
157	644	621	617	604	590	577	563	550	536	523	509	496	482	469	455	442	428	415	400	387	373	360	346	333	319	306
159	654	641	627	614	600	587	573	560	546	533	519	506	492	479	465	452	438	425	410	397	383	370	356	343	329	316
161	664	651	637	624	610	597	583	570	556	543	529	516	502	489	475	462	448	435	420	407	393	380	366	353	339	326
163	674	661	647	634	620	607	593	580	566	553	539	526	512	499	485	472	458	445	431	417	403	390	376	363	349	336
165	684	671	657	644	630	617	603	590	576	563	549	536	522	509	495	482	468	455	440	427	413	400	386	373	359	346
167	694	681	667	654	640	627	613	600	586	573	559	546	532	519	505	492	478	465	451	438	423	410	396	383	369	356
169	704	691	677	664	650	637	623	610	596	583	569	556	542	529	515	502	488	475	461	448	433	420	406	393	379	366
171	714	701	687	674	660	647	633	620	606	593	579	566	552	539	525	512	498	485	471	458	444	431	416	403	389	376
173	724	711	697	684	670	657	643	630	616	603	589	576	562	549	535	522	508	495	481	468	454	441	426	413	399	386
175	734	721	707	694	680	667	653	640	626	613	599	586	572	559	545	532	518	505	491	478	464	451	437	424	409	396
177	744	731	717	704	690	677	663	650	636	623	609	596	582	569	555	542	528	515	501	488	474	461	447	434	419	406
179	754	741	727	714	700	687	673	660	646	633	619	606	592	579	565	552	538	525	511	497	484	471	457	444	429	416
181	764	751	737	724	710	697	683	670	656	643	629	616	602	589	575	562	548	535	521	508	494	481	467	453	439	426
183	774	761	747	734	720	707	693	680	666	653	639	626	612	599	585	572	558	545	531	518	504	491	477	464	450	437
185	784	771	757	744	730	717	703	690	676	663	649	636	622	609	595	582	568	555	541	528	514	501	487	473	460	447
187	794	781	767	754	740	727	713	700	686	673	659	646	632	619	605	592	578	565	551	538	524	511	497	484	470	457
189	804	791	777	764	750	737	723	710	696	683	669	656	642	629	615	602	588	575	561	548	534	521	507	494	480	467
191	814	801	787	774	760	747	733	720	706	693	679	666	652	639	625	612	598	585	571	558	544	531	517	504	490	477
193	824	811	797	784	770	758	743	730	716	703	689	676	662	649	635	622	608	595	581	568	554	541	527	514	500	487
195	834	821	807	794	780	768	753	740	726	713	699	686	672	659	645	632	618	605	591	578	564	551	537	524	510	497
197	844	831	817	804	790	778	763	750	736	723	709	696	682	669	655	642	628	615	601	588	574	561	547	534	520	507
199	854	841	827	814	800	788	773	760	746	733	719	706	692	679	665	652	638	625	611	598	584	571	557	544	530	517

Grundzahl für Gewicht.

Weibliche Personen.

kg	Cal	kg	Cal	kg	Cal	kg	Cal	kg	Cal	kg	Cal
3	683	24	885	45	1085	65	1277	85	1468	105	1659
4	693	25	894	46	1095	66	1286	86	1478	106	1669
5	702	26	904	47	1105	67	1296	87	1487	107	1678
6	712	27	913	48	1114	69	1305	88	1497	108	1688
7	721	28	923	49	1124	69	1315	89	1506	109	1698
8	731	29	932	50	1133	70	1325	90	1516	110	1707
9	741	30	942	51	1143	71	1334	91	1525	111	1717
10	751	31	952	52	1152	72	1344	92	1535	112	1726
11	760	32	961	53	1162	73	1353	93	1544	113	1736
12	770	33	971	54	1172	74	1363	94	1554	114	1745
13	779	34	980	55	1181	75	1372	95	1564	115	1755
14	789	35	990	56	1191	76	1382	96	1573	116	1764
15	798	36	999	57	1200	77	1391	97	1583	117	1774
16	808	37	1009	58	1210	78	1401	98	1592	118	1784
17	818	38	1019	59	1219	79	1411	99	1602	119	1793
18	827	39	1028	60	1229	80	1420	100	1611	120	1803
19	837	40	1038	61	1238	81	1430	101	1621	121	1812
20	846	41	1047	62	1248	82	1439	102	1631	122	1822
21	856	42	1057	63	1258	83	1449	103	1640	123	1831
22	865	43	1066	64	1267	84	1458	104	1650	124	1841
23	875	44	1076								

Zweite Zahl für das Alter der Kinder zwischen 0 und 12 Monaten.

Mädchen.

0	2	4	6	8	10	12 Monate
— 535	— 475	— 420	— 370	— 325	— 265	— 225 Cal

Bei gleichem Gewicht und gleicher Größe ist der Ruhegrundumsatz bei jüngeren Personen immer größer als bei älteren. Dieser Abfall mit dem Alter erfolgt aber nicht in einer geraden Linie. Eigene Untersuchungen ergaben für das Alter zwischen 7 und 13 Jahren eine steile Zacke nach oben. Sie ist bei Knaben sehr viel stärker ausgeprägt als bei Mädchen, und bei großen Körperlängen ist die Abweichung am größten. Diese Ergebnisse sind in der Tabelle berücksichtigt und erklären das starke Springen der Zahlen um das 11. Lebensjahr.

Für praktische Zwecke kann man unter Umständen auch die auf Seite 12 wiedergegebene stark abgekürzte Tabelle benutzen, wenn es sich nur um angenäherte Werte handelt.

Zweite Zahl für Alter und Größe.

Frauen.

cm	\n Jahre 21	23	25	27	29	31	33	35	37	39	41	43	45	47	49	51	53	55	57	59	61	63	65	67	69	71
151	181	171	162	153	144	134	125	115	106	97	88	78	69	60	50	40	31	22	13	4	— 6	—15	—25	—34	—43	—53
153	185	175	166	156	148	138	129	119	110	100	92	82	73	63	54	44	35	26	17	8	— 2	—11	—21	—30	—39	—49
155	189	179	170	160	151	141	132	122	114	104	95	85	76	67	58	49	39	30	20	12	1	— 7	—17	—26	—36	—45
157	193	183	174	165	155	145	136	128	118	108	99	90	80	71	62	52	43	34	24	16	5	— 3	—13	—22	—32	—41
159	196	187	177	167	158	148	140	130	121	111	102	92	84	74	65	55	46	38	28	20	9	1	—10	—18	—29	—37
161	200	191	181	171	162	152	144	134	125	115	106	97	88	78	69	60	50	42	32	24	13	5	— 6	—14	—25	—33
163	203	195	185	175	166	156	147	137	128	119	110	100	91	81	72	63	54	45	35	27	16	9	— 2	—10	—21	—29
165	207	199	189	180	170	160	151	141	132	123	114	104	95	85	76	67	58	48	39	30	20	12	+ 2	— 6	—17	—25
167	211	203	192	182	173	164	155	145	136	126	117	107	98	89	80	70	61	52	42	34	24	15	5	— 2	—14	—21
169	215	206	196	186	177	167	159	149	140	130	121	111	102	93	84	74	65	56	46	38	28	19	9	2	—10	—17
171	218	210	199	190	181	171	162	152	143	134	125	115	106	96	87	77	68	60	50	42	31	21	12	4	— 6	—13
173	222	213	203	194	185	175	166	156	147	138	129	119	110	100	91	81	72	63	54	45	35	25	16	6	— 2	—10
175	225	217	207	197	188	179	169	160	151	141	132	123	113	104	95	85	76	67	57	48	38	29	20	10	1	— 6
177	229	221	211	201	192	182	173	164	155	145	136	126	117	108	99	90	80	71	61	52	42	32	24	14	5	— 2
179	233	223	214	204	195	186	177	167	158	148	139	130	121	111	102	92	83	75	65	56	46	36	27	18	8	± 0
181	237	227	218	208	199	190	181	171	162	152	143	134	125	115	106	97	87	79	69	60	50	40	31	22	12	2
183	240	231	222	212	203	193	184	174	165	156	147	137	128	118	109	100	91	83	72	64	53	44	35	26	16	6
185	244	235	226	216	207	197	188	179	169	160	151	141	132	122	113	104	95	87	76	67	57	48	39	30	20	10
187	248	238	229	219	210	201	192	182	173	163	154	145	135	126	117	107	98	91	79	70	61	52	42	33	23	14
189	252	242	233	223	214	205	196	186	177	167	157	148	139	130	121	111	102	94	83	74	65	56	46	37	27	18
191	255	245	236	227	218	208	199	190	180	171	162	152	143	133	124	114	105	96	87	78	68	60	49	41	31	22
193	259	250	240	231	222	212	203	193	184	175	166	156	147	137	128	118	109	100	91	82	72	63	53	44	35	25
195	262	253	244	234	225	215	206	197	188	178	169	160	150	141	132	122	113	104	94	86	75	67	57	45	38	29
197	266	257	248	238	229	219	210	201	192	182	173	163	154	145	136	126	117	108	98	90	79	71	61	52	42	33
199	270	260	251	241	232	223	214	204	195	185	176	167	158	148	139	130	120	112	102	93	83	74	64	55	45	36

Zweite Zahl für
Weibliche

cm	Jahre								
	1	2	3	4	5	6	7	8	9
40	—344	—290	—234	—214	—194				
44	—328	—283	—218	—198	—178				
48	—312	—257	—202	—182	—162	—142			
52	—296	—241	—186	—166	—146	—126			
56	—280	—225	—170	—150	—130	—130	—134		
60	—264	—209	—154	—134	—114	—116	—118	—118	
64	—248	—197	—138	—118	— 98	— 99	—102	—105	—111
68	—232	—177	—122	—102	— 82	— 84	— 86	— 90	— 95
72	—216	—161	—106	— 86	— 66	— 68	— 70	— 75	— 79
76	—200	—145	— 90	— 70	— 50	— 52	— 54	— 58	— 63
80	—184	—129	— 74	— 54	— 34	— 36	— 38	— 43	— 47
84	—168	—113	— 58	— 38	— 18	— 20	— 22	— 27	— 31
88	—152	— 97	— 42	— 22	— 2	— 5	— 6	— 12	— 15
92	—136	— 81	— 26	— 7	12	11	10	5	1
96	—120	— 65	— 10	7	25	25	26	22	17
100	—104	— 49	6	28	40	41	42	37	33
104		5	22	39	56	57	58	56	54
108		21	38	55	72	73	74	75	75
112			54	71	88	89	90	90	91
116			70	87	105	105	106	106	107
120			86	106	126	129	132	128	123
124				136	142	146	148	143	138
128				155	158	161	164	162	161
132					174	177	180	180	181
136					190	193	196	196	197
140					206	209	212	212	213
144						222	228	233	239
148						240	244	248	255
152							260	265	271
156							276	282	287
160							282	288	293
164									309
168									
172									
176									
180									
184									
188									
192									
196									
200									

Alter und Größe.
Personen

| | | | | Jahre | | | | | |
10	11	12	13	14	15	16	17	18	19
—95									
—84	—89								
—68	—73	—75							
—52	—57	—60	—66						
—31	—31	—41	—50	—55					
— 9	— 5	—17	—34	—39	—43				
9	19	± 0	—18	—22	—27	—32			
22	27	13	— 2	— 5	—11	—17	—21		
38	43	31	14	10	5	± 0	— 5	—10	—14
58	62	45	30	25	21	16	11	6	2
80	85	65	56	47	37	32	27	23	18
96	101	87	72	62	53	48	43	38	34
112	117	107	98	84	69	64	59	54	50
133	143	129	114	97	80	77	75	71	66
148	159	145	130	115	101	101	101	91	82
167	175	161	146	132	117	112	107	103	98
186	191	177	162	148	133	128	123	119	114
202	207	192	178	159	140	140	139	134	130
219	228	211	194	180	165	160	155	150	146
244	241	230	210	195	181	176	171	167	162
260	265	250	236	220	197	192	187	182	178
277	281	267	252	232	212	206	201	197	192
292	297	279	260	243	227	221	215	210	206
298	303	289	274	258	242	235	229	224	220
311	313	301	290	274	257	250	243	239	234
335	325	315	306	288	271	263	255	250	246
	331	324	318	301	285	276	267	263	258
			328	314	299	289	279	274	270
				323	313	302	291	287	282
					327	315	303	298	294
						318	313	309	304
							323	319	314
							333	329	324
								339	334

Grundzahl für Gewicht.

kg	Personen männliche	weibliche	kg	Personen männliche	weibliche	kg	Personen männliche	weibliche
5	130	700	35	550	990	65	960	1280
10	200	750	40	620	1040	70	1040	1330
15	270	800	45	690	1090	75	1100	1370
20	340	850	50	750	1130	80	1160	1420
25	400	940	55	890	1180	85	1235	1470
30	480	940	60	890	1230	90	1280	1520

Zweite Zahl für Alter und Größe.

Männer.

cm	Jahre 5	10	15	20	30	50	70
70	130						
100	430	300					
120		500	380				
140		700	580				
150		800	680	620	550	420	280
160			780	660	600	460	330
170			900	710	640	520	380
180			980	760	700	560	430

Zweite Zahl für Alter und Größe.

Frauen.

cm	Jahre 5	10	15	20	30	50	70
70	−70						
100	40	30					
120		120	80				
140		220	160	140	120	30	−60
150		260	200	180	140	50	−40
160			240	210	160	60	−30
170			280	240	180	80	−10
180			320	270	190	100	+10

Der Grundumsatz schwankt also bei erwachsenen Männern zwischen 1000 Cal (50 kg, 150 cm, 70 Jahre) und 2000 Cal (85 kg, 180 cm, 20 Jahre), um bei 70 kg, 40 Jahren, 170 cm 1600 Cal zu betragen. Bei erwachsenen Frauen schwankt er zwischen 1000 Cal (45 kg, 140 cm, 70 Jahre) und 1700 Cal (80 kg, 175 cm, 20 Jahre), um bei 40 Jahren, 60 kg, 160 cm 1400 Cal auszumachen.

2. Die Steigerung durch die Nahrungsaufnahme.

In ihr stecken 2 Anteile: die vermehrte Tätigkeit der Verdauungsorgane und die Anregung der Verbrennungen in den Zellen durch
Eiweißspaltungsprodukte, die im Blut kreisen. Die letztere nennt
man auch spezifisch-dynamische Wirkung. Sie ist nach fleisch- und
milchreicher Nahrung viel größer als nach Brot und Kartoffeln allein.
Wenn der Körper besonders starken Nahrungsbedarf hat, bei Genesenden, bei Unterernährten, in der Schwangerschaft, bei Säuglingen
und kleinen Kindern, ist die Steigerung geringer. Sonst kann man
rechnen, daß in den ersten 2 Stunden nach der Aufnahme größerer

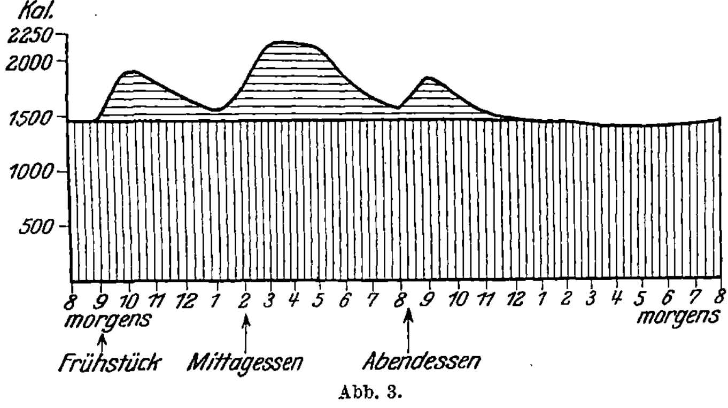

Abb. 3.

Mengen Milch oder Fleisch der Stoffwechsel im Körper um 20—40%
gesteigert ist, nach Aufnahme von anderer Nahrung um etwa 10%.
Will man den Nahrungsbedarf eines normal ernährten, aber ruhenden
Menschen erfahren, so erhöht man den Grundumsatz um 10—12%,
also um 100—240 Cal in 24 Stunden.

Die spezifisch-dynamische Wirkung schwankt in weiten Grenzen;
von ihr hängt es ab, ob ein Mensch zu Fettansatz neigt oder nicht.
(Kestner, Klin. Wochenschr. Sept. 1928.) Sie hängt ihrerseits vom
Vorderlappen der Hypophyse ab.

Abbildung 3 zeigt die Tagesschwankung des Gaswechsels unter dem
Einfluß einer freigewählten Kost. (Magnus - Levy, Arch. f. Physiol.
Bd. 55, S. 1.) Um 9—10 Uhr nahm die untersuchte Person ein starkes
Frühstück, bestehend aus Milchkaffee mit Zucker und einer großen
Ration Butterbrot. Die Mittagsmahlzeit um 2 Uhr bestand aus Suppe,
1—2 Fleischspeisen mit Gemüse, Brot, $\frac{1}{2}$ l Münchener Bier; abends
wurde gegeben mit Wurst belegtes Butterbrot und 3—500 ccm Bier.
Gesamtkalorienzufuhr am Tage 2800 Cal.

3. Die Herabsetzung durch hohe Außentemperatur.

Durch Abkühlung steigt der Stoffwechsel des Menschen im Gegensatz
zu dem sehr vieler Säugetiere nicht. In einem kalten Klima ist der

Nahrungsbedarf also nicht größer als im gemäßigten Klima. Wird der Mensch dagegen durch warme Umgebung so stark erwärmt, daß er schwitzen muß, so werden die Verbrennungen in der Leber herabgesetzt. In heißen Sommern und bei bestimmten Berufen (Heizer) kann das schon bei uns eine Rolle spielen. In den Tropen muß man rechnen, daß der Grundumsatz für Weiße und Farbige um 10—20% niedriger liegt, als die obige Tabelle erkennen läßt[1,2].

4. Die Steigerung durch Gehirntätigkeit.

Sie beträgt bei angestrengter geistiger Arbeit, wenn Muskelarbeit ausgeschlossen ist, im Durchschnitt nur 7—8 Cal in der Stunde, kann also bei der Berechnung der Gesamtnahrung im allgemeinen vernachlässigt werden. Die Steigerung ist am größten beim Kopfrechnen von arithmetischen Aufgaben, und zwar 25% des Ruhegrundumsatzes[3].

5. Die Steigerung durch Muskeltätigkeit.

Der Umsatz bei Muskelarbeit kann den Stoffwechsel gewaltig erhöhen, und er ist es daher, der die großen Unterschiede bei den verschiedenen Menschen bedingt.

Für gewerbliche Arbeit liegen folgende Bestimmungen vor.

Für 1 Stunde Arbeit werden über den Grundumsatz hinaus gebraucht[4,5]:

	Kalorien
Geistige Arbeit	7—8
Schreiben	20
Maschinenschreiben	16—40
Nähen (Hand, Haus)	25—30
Nähen (berufsmäßig)	31, 41, 43, 48, 63, 66, 75, 88
Zeichnen (stehend, Lithograph)	40—50
Buchbinden (Frau, leichte Arbeit)	43—71
Buchbinden (Mann, teils schwerer)	90
Mit erhöhter Tragweite fließend gesprochene Rede bei Wegfall stärkerer Betätigung anderer Ausdrucksmittel[6]	85
Schuhmacherarbeit	80, 100, 115
Anstreicher (verschiedene Arten Arbeit)	160
Schreinerarbeit	137, 176

---

[1] Plaut, R.: Zeitschr. f. Biol. Bd. 76, S. 183. 1922.

[2] Knipping, H. W.: Arch. f. Schiffs- u. Tropenhyg. Bd. 27, S. 169. 1923. R. Hafkesbring u. P. Borgstrom, American Journal of Physiol. Bd. 79, Nr. 1, S. 221. 1926.

[3] Vgl. Becker, G. u. J. W. Hämäläinen: Skandinav. Arch. f. Physiol. Bd. 31, S. 198. 1914.

[4] S. auch Tabelle S. 17.

[5] S. Chlopin, Jakowenko u. Walschinsky, Arch. f. Hyg. Bd. 98, H. 4/5, S. 158. 1927. Kestner u. Knipping, Klin. Wochenschr. 1922, Nr. 27.

[6] Schroetter, Monatsschr. f. Ohrenheilk. Jg. 59, S. 82. 1925.

	Kalorien
Steinhauerarbeit	300, 330
Holzsägearbeit	390, 430
Häusliche Arbeit (Frau: Fegen, Staubwischen, Putzen)	87, 100, 110, 174
Waschen (ungelernt)	130
Waschen (berufsmäßig)	230
Gehen	130—200
Radfahren............................	180—300

Die Übereinstimmung bei gelernter Arbeit bei verschiedenen Versuchspersonen ist im allgemeinen sehr gut. Die Auswahl der Arbeit in der obigen Tabelle ist so vorgenommen, daß sie ein Bild der wirklichen Tätigkeit liefert.

Die Zahlen geben einen recht guten Anhaltspunkt. Es zeigt sich, daß für Schreiben, d. h. für den größten Teil der Beschäftigung der Kopfarbeiter, bei 8 stündiger Arbeitszeit der sonstige Umsatz nur um rund 200 Cal gesteigert wird, also nicht mehr als durch die Nahrungsaufnahme. Jede Handarbeit steigert den Gaswechsel und damit den Nahrungsbedarf erheblich. Für die höchste gemessene Zahl ergibt sich in 8 stündiger Arbeitszeit eine Vermehrung um 3600 Cal, und der Gesamtumsatz steigt damit auf über 5000 Cal. Das sind die Schwer- und Schwerstarbeiter. Dabei sind noch nicht einmal die höchst möglichen Zahlen gemessen; aus dem Nahrungsbedarf landwirtschaftlicher Arbeiter, zumal der älteren Zeit vor der Maschine, ergeben sich Zahlen von 5—6000 Cal und darüber. Die Arbeiten des Maurers, des Lastträgers, des Schauermanns sind auch nicht gemessen, erreichen aber sicher ebenfalls Werte über 5000 Cal.

6. Die Steigerung im Höhenklima und im Seeklima.

In der Höhe und an der See wirken starke Hautreize durch ultraviolettes Licht, Kälte oder Wind auf den Menschen ein, die seinen Stoffwechsel steigen lassen. In Davos kann die Steigerung bei Gesunden bis zu 20 Kalorien in der Stunde betragen, bei Kranken und schwächlichen Kindern kann sie noch größer sein. Sie besteht nur, solange sich die Menschen im Freien aufhalten, sei es bei Liegekuren, sei es bei Arbeit im Freien. Die reichliche Nahrungsaufnahme in Lungenheilstätten und in Kinderheimen an der See hängt hiermit zusammen.

Nahrungsbedarf verschiedener Menschen.

Will man nun den Nahrungsbedarf eines Menschen berechnen, so fügt man zu dem Grundumsatz 10—12% für die Nahrungsaufnahme hinzu und weiter die obigen Stundenwerte für gewerbliche oder sonstige Arbeit, multipliziert mit der Arbeitszeit. Dazu wird man in der Regel noch die Werte für 2 Stunden Gehen und für 4—6 Stunden häuslicher Arbeit oder Schreibarbeit hinzufügen. Man kann Lesen in sitzender

Stellung, Unterhaltung in sitzender Stellung u. dgl. etwa mit Schreibarbeit gleichsetzen. Die Genauigkeit beträgt mindestens 10%. Abweichungen, die häufig beobachtet werden, wonach jemand entweder bei reichlicher Nahrungszufuhr abnorm mager bleibt oder trotz normaler Nahrungszufuhr sehr dick wird, beruhen auf Störungen der Drüsen der inneren Sekretion.

Erhält der Körper zu wenig Kalorien für seinen Bedarf, so schmilzt er aus seinen Körpervorräten Fett ein, bei langdauernder Unterernährung auch lebende Körpersubstanz. Führt er sich zuviel Kalorien zu, so kommt es zu Fettansatz. Doch kann ein Teil der überschüssig aufgenommenen Nährstoffe veratmet werden, so daß der Fettansatz gewöhnlich nicht dem wirklichen Überschuß entspricht. Im allgemeinen sind derartige Abweichungen seltener als angenommen wird, da der Appetit die Nahrungszufuhr im ganzen recht genau regelt.

Auf Grund der Zahlen für Grundumsatz und Beschäftigung kann man folgende Gruppen unterscheiden:

1. Männer.

1. Gruppe: Sitzende Beschäftigung:
   Kopfarbeiter, Kaufleute, Schreiber, Beamte,
   Aufseher .... 2200—2400 Cal
2. Gruppe: Sitzende Muskelarbeiter:
   Schneider, Feinmechaniker, Setzer, auch Gehen
   und Sprechen (wie Lehrer) .... 2600—2800 Cal
3. Gruppe: Mäßige Muskelarbeit:
   Schuhmacher, Buchbinder, auch Ärzte, Briefträger, Laboratoriumsarbeit .... um 3000 Cal
4. Gruppe: Stärkere Muskelarbeit:
   Metallarbeiter, Maler, Tischler .... 3400—3600 Cal
5. Gruppe: Schwerarbeiter .... 4000 Cal und mehr
6. Gruppe: Schwerstarbeiter .... 5000 Cal und mehr

Diese Zahlen beruhen auf Arbeitsberechnungen, es liegt aber außerdem eine große Anzahl von Nahrungsbestimmungen vor bei verschiedenen Berufen, in verschiedenen Ländern usw. Diese stimmen vortrefflich mit dem Obigen überein. Eine ausführliche Zusammenstellung steht bei C. Tigerstedt[1].

Von größter Bedeutung ist die Änderung des Nahrungsbedarfes im Laufe der Kulturentwicklung seit dem Aufkommen der Maschine und des städtischen industriellen Lebens. Einmal haben die Berufe mit sitzender Lebensweise, ohne Muskelarbeit, Beamte, Kaufleute, Akademiker, Schreiber sich stärker vermehrt als die Bevölkerung; sodann ist in den meisten Berufen die Arbeit des Menschen weitgehend durch die Maschine ersetzt worden. Der Mensch macht die mechanische Arbeit nicht mehr selbst, sondern die Maschine tritt an seine Stelle, und der

---

[1] Tigerstedt, C.: Skandinav. Arch. f. Physiol. Bd. 34, S. 151. 1916.

Mensch beaufsichtigt, lenkt und reinigt sie, wozu entfernt nicht so viel
Muskelarbeit gehört wie zum Schwingen des Schmiedehammers oder des
Dreschflegels. Früher gehörte nur eine kleine Zahl von Gebildeten und
Wohlhabenden in die Gruppen 1 und 2 vorstehender Tabelle, die große
Mehrzahl des Volkes, zumal auf dem Lande, arbeitete körperlich schwer.
Heute ist ein großer Teil der städtischen Arbeiterschaft in den Gruppen 1
bis 3, und auch in der Landwirtschaft haben die Maschinen die menschliche Muskelarbeit stark vermindert. Vergleicht man die zwei größten
und genauesten Beobachtungsreihen von Slosse und van de Weyer[1]
über die Nahrung gewerblicher Arbeiter in Brüssel und von C. Tigerstedt[2] über die Nahrung landwirtschaftlicher Arbeiter in Finnland,
so liegt der Durchschnitt bei den Brüsseler Arbeitern rund 1000 Cal
tiefer; in Dänemark ist der Unterschied noch größer[3].

Dieser Entwicklung wirkt die sportliche Betätigung entgegen.
Für 1 Stunde Gehen oder sportlicher Betätigung werden über den
Grundumsatz hinaus verbraucht:

Gehen	130—200	Cal
Marschieren (mit Gepäck)	200—400	„
Radfahren	180—300	„
Radfahren (bei Gegenwind usw.)	600	„
Schwimmen	200—700	„
Rudern	120—600	„
Skilaufen (eben, Schweden)	500—960	„
Schlittschuhlaufen (schnell)	300—700	„
Laufen	500—930	„
Steigen	200—960	„
Ringen	980	„
Florettfechten	530	„
Säbelfechten	585	„
Stehen (straff)	20—30	„

Einzelbestimmungen:

1 km Gehen, ebener Weg	48—50	Cal
1 „ „ eben, Schnee	50—60	„
1 „ „ „ Gletscher, Höhe	57—66	„
100 m Steigung, Weg	100	„
100 m Steigung, Schnee	140	„
100 m bergab	23	„
1 km bergab	63	„
3 Aufzüge am Reck	10	„
3 Kippen am Barren	14	„
Handstand	10	„ (in d. Min.)
Beugehang	8—9	„ „ „ „
anderes Turnen, Muskelspannung	3—7	„ „ „ „

[1] Slosse u. van de Weyer: Trav. du laborat. de physiol., Inst. Solvay
Bd. 9, S. 39. Brüssel 1908.
[2] Tigerstedt, C.: Skandinav. Arch. f. Physiol. Bd. 34, S. 151. 1916.
[3] Heiberg: Skandinav. Arch. f. Physiol. Bd. 42, S. 183. 1922.

Für Turnen, bei dem nur statische Arbeit geleistet wird, ergab sich:

	O_2 ccm pro Minute		Steigerung ccm pro Minute	
	während	nach	O_2	Cal.
Handstand	906	785	1970	9,8
Beugehang, Obergriff.............	557	853	1760	8,9
Beugehang, Kammgriff	524	707	1370	6,8
Hockstellung	742	807	1210	6,0
Liegen vorlings	566	821	940	4,7
Rumpfsenken rückwärts zum Sitz .	508	634	685	3,4
Rückenlage, erhobene Beine	410	495	580	2,9
Freier Liegestütz vorlings	562	595	575	2,9

Für einige häufige Bewegungen ergab sich:

1 St. Radfahren: 9 km	180 Cal	Singen.........	11—56 Cal pro Stunde	
13 km	320 ,,	Lautlesen	23—37 ,, ,, ,,	
21 km	550 ,,	Violinespiel ...	46 ,, ,, ,,	
15 km Gegenwind.......	600 ,,	Cellospiel	50—70 ,, ,, ,,	
Schwimmen .... bis	815 ,,	Klavierspiel ...	40—561 ,, ,, ,,	
1 St. Marsch ohne Gepäck: 4,2 km........	150 ,,	Trompeteblasen	16—59 ,, ,, ,,	
6,0 km................	240 ,,	Dirigieren	44—95 ,, ,, ,,	
7,2 km................	360 ,,			
8,4 km................	700 ,,			

Die Messungen gingen bis an die obere Grenze der Leistungsfähigkeit. Durch den Sport kommt ein Teil der Menschen in viel höhere Gruppen herein. Kaufleute, Studierende und Beamte haben zeitweise oder regelmäßig den Umsatz und den Nahrungsbedarf des Schwerund Schwerstarbeiters. Für amerikanische Studenten liegen sehr sorgfältige Ernährungsuntersuchungen vor, die einen für geistige Arbeiter ungewöhnlich hohen Umsatz ergeben; sie treiben eben auch alle Sport. Über die wichtigen Folgen dieser Verschiebung durch den Sport vgl. S. 30 u. 64 ff.

2. Frauen.

Der Grundumsatz ist bei Frauen etwas geringer als bei Männern. Bei ihnen liegen im allgemeinen weniger Untersuchungen vor. Die berufstätigen Frauen, die nähen, schreiben und Kontorarbeit leisten, gehören im allgemeinen in Gruppe 1, wegen des etwas geringeren Grundumsatzes meist an die untere Grenze. In Gruppe 2 gehören eine Anzahl gewerblich tätiger Frauen, außerdem viele Hausfrauen, die Dienstboten halten. In Gruppe 3 die Dienstboten und die Hausfrauen ohne Dienstboten. Gewerblich tätige Frauen sind oft daneben im Haushalt tätig, was ihren Umsatz in die Höhe treibt. Sport ist bei Frauen im allgemeinen erst bei der jüngsten Generation verbreitet.

Es gibt eine große Anzahl von Untersuchungen, bei denen nicht die Nahrung einzelner Menschen, sondern ganzer Familien bestimmt ist, und man versucht dann, die einzelnen Familienmitglieder in „Normalmänner" umzurechnen. Das ist grundsätzlich verkehrt; wirtschaftlich können solche Bestimmungen wertvoll sein, für Ernährungsfragen kann man nichts aus ihnen schließen. Denn innerhalb der Familie wird das Essen der Menge und oft der Art nach verschieden verteilt, die Eltern oder nur der Vater bekommen etwas anderes als die Kinder. Selbst bei der schärfst durchgeführten Regelung der Nahrung, wie sie bei uns während des Krieges versucht wurde, endete die Macht der Kriegsernährungsämter an der Schwelle des Hauses, um hier auf die Hausfrau und Mutter überzugehen. Bei diesen aber führt ihre Mütterlichkeit und der den Frauen eigene Altruismus in der Regel dazu, daß sie sich selbst benachteiligen. Bei der Ernährungsuntersuchung im Krankenhaus Eppendorf im Winter 1918/19 ergab sich, daß die Männer an jedem Besuchstage Lebensmittel mitgebracht bekamen, die Frauen nie[1]. Bei den ausgedehnten Untersuchungen von Tigerstedt über die Ernährung der ländlichen Bevölkerung in Finnland ergab sich, daß die Männer regelmäßig ihrem Bedarf entsprechend ernährt waren, die Frauen aber sehr oft zu wenig bekamen. Wenn ein Volk oder eine Schicht eines Volkes irgendwie hungert oder unterernährt ist, sind es immer zuerst die Mütter, die leiden.

3. Kinder.

Der Grundumsatz des Kindes berechnet sich aus den Tabellen S. 5—12. Er ist verhältnismäßig etwas höher als der der Erwachsenen, da die Zahlen bei zunehmendem Alter allgemein sinken. Wie hoch der Umsatz in Wirklichkeit ist, geht aus diesen Zahlen indessen noch nicht hervor. Die Berufstätigkeit der Kinder ist vom 6. Lebensjahr ab die Schule. Es wäre aber ganz falsch, die Kinder nun einfach entsprechend den Erwachsenen als sitzend beschäftigt anzunehmen. R. Tigerstedt[2] hat die Kohlensäureausscheidung bei Kindern und Erwachsenen bestimmt, die zu mehreren in einem Raum zusammensaßen und schrieben, sich also etwa bewegten wie in der Schule. Andererseits ist in seinem Institut der Gaswechsel von Kindern untersucht worden, die wirklich ruhig saßen[3] (s. Tab. S. 20).

Es zeigte sich, daß der Gaswechsel der Kinder, die nicht ruhig saßen, die sich vielmehr so aufführten, wie sich Kinder in der Schule aufführen, viel höher ist als der der Erwachsenen; nicht nur verhältnismäßig, sondern um die Pubertätszeit selbst absolut. Ein gesundes Kind zwischen dem 8. und 16. Jahre hat dauernd Hunger und hat einen Nahrungsbedarf, der erheblich über dem eines erwachsenen Kopfarbeiters liegt und dem eines Arbeiters in Gruppe 3 gleichkommt. Noch höher als in der Schule ist der Umsatz beim Spielen. Will man ver-

---

[1] Kestner, O.: Dtsch. med. Wochenschr. 1919, Nr. 9.
[2] Sonden u. R. Tigerstedt: Skandinav. Arch. f. Physiol. Bd. 6, S. 1. 1895.
[3] Olin, Hanna: Skandinav. Arch. f. Physiol. Bd. 34, S. 414. 1916.

suchen, den Umsatz zu berechnen, so wird man bei Schulkindern etwa für $^2/_3$ des Tages den Grundumsatz nehmen und für $^1/_3$ (Schule, Schularbeit, Lesen) die umstehenden Tigerstedtschen Zahlen. Dazu muß man dann aber noch 5—800 Cal für Bewegungen außer der Schulzeit rechnen.

Beispiel: Knabe von 10 Jahren, 120 cm und 40 kg.

Grundumsatz nach den Tabellen 1217 Cal; $^2/_3$ davon sind .   800 Cal

Tigerstedtsche Zahl für 8 Stunden 8 × 99............   800 Cal

dazu hinzuzufügen ....   700 Cal

Summe...... 2300 Cal

Schloßmann[1] rechnet auf anderen Grundlagen niedrigere Zahlen, Pfaundler etwas höhere, die uns aber immer noch etwas zu niedrig erscheinen. Besonders wichtig sind für die kindliche Ernährung die

Alter	männlich stillsitzend Cal pro Std.	männlich nicht ganz ruhig Cal pro Std.	weiblich nicht ganz ruhig Cal pro Std.
8 Jahre		60	75
9 „	60		
10 „	63	99	69
11 „		99	78
11 „	72	102	
12 „	75	102	81
13 „	81		84
14 „	87	135	87
15 „	90	132	81
16 „	96	126	96
17 „	90	135	81
18 „	96		
19 „	102	129	
23 „		114	
25 „		114	
30 „			87
35 „		105	
44 „		111	
58 „		111	

(Die Werte 102 bis 135 der Spalte „männlich nicht ganz ruhig" für 11 bis 18 Jahre sind durch eine Klammer als „Schule" zusammengefaßt.)

tatsächlich vorliegenden Bestimmungen, die gut mit der Rechnung übereinstimmen. Eine bequeme Zusammenstellung gibt E. Ahlqvist[2].

Die Zahlen können nur einen ungefähren Anhalt geben. Kinder, die ihre freie Zeit mit Lesen verbringen, werden weniger verbrauchen. Sobald die Kinder Sport und Turnspiele treiben, kann der Stoffwechsel

---

[1] Schloßmann u. Murschhauser: Biochem. Zeitschr. Bd. 56, S. 355. 1913.
[2] Ahlqvist, E.: Skandinav. Arch. f. Physiol. Bd. 34, S. 1. 1916.

auch noch viel höher sein. Bei der starken Anpassungsfähigkeit des kindlichen Körpers können Kinder zweifellos auch mit weniger auskommen. Es geschieht dann aber auf Kosten ihrer freien Beweglichkeit und ihres Spieltriebes.

Folgende Zahlen (Gesamtumsatz in 24 Stunden) erscheinen uns richtig:

Alter	Knaben	Mädchen	Alter	Knaben	Mädchen
1 Jahr	800 Cal	800 Cal	9 Jahre	2100 Cal	1900 Cal
2 Jahre	1000 ,,	1000 ,,	10 ,,	2300 ,,	1900 ,,
3 ,,	1100 ,,	1100 ,,	11 ,,	2600 ,,	1900 ,,
4 ,,	1300 ,,	1300 ,,	12 ,,	2600 ,,	2000 ,,
5 ,,	1500 ,,	1500 ,,	13 ,,	2600 ,,	2000 ,,
6 ,,	1600 ,,	1600 ,,	14 ,,	2800 ,,	2100 ,,
7 ,,	1600 ,,	1600 ,,	15 ,,	2800 ,,	2300 ,,
8 ,,	1800 ,,	1800 ,,	16 ,,	2800 ,,	2300 ,,

Um die Deckung des Kalorienbedarfes angeben zu können, muß man die Zusammensetzung der Nahrungsmittel kennen. Die Tabellen über die Nahrungszusammensetzung sind im „Besonderen Teil" zu finden.

Will man den Jahresbedarf der Bevölkerung in Kalorien angeben, so wird man für Männer durchschnittlich 2800 Cal für den Tag rechnen, für Frauen 2400 Cal und für Kinder unter 15 Jahren 2000 Cal. Die Bevölkerung besteht ungefähr zu gleichen Teilen aus Männern, Frauen und Kindern, und man wird für Deutschland bei einer Bevölkerung von ungefähr 60 Millionen auf etwas über 50 Billionen Kalorien im Jahre kommen. Die sinkende Kinderzahl und die Veränderung der Arbeit ändern diese Verhältnisse aber fortwährend. (Kestner, Klin. Wochenschr. 1927. Nr. 31.)

Der Jahresbedarf von Gefangenen oder irgendwie gewerblich tätigen Männern läßt sich in derselben Weise so schätzen, daß man etwa 2500 Cal pro Tag oder 1 Million Cal im Jahr rechnet. Für Krankenhäuser braucht man einen etwas niedrigeren Wert, für Altersheime, Pfründnerhäuser usw. wird man mit 700 000 Cal im Jahr gut auskommen. Bei der Höhe des kindlichen Stoffwechsels muß man für Kinderheime verhältnismäßig hohe Zahlen nehmen; für Knaben wird man zwischen 6 und 14 Jahren 2200 Cal am Tage rechnen müssen, für Mädchen 1900 Cal; das gäbe im Monat etwa 60 000 Cal. Bei Kinderheimen an der Meeresküste oder im Gebirge, wo der Stoffwechsel wesentlich höher ist, muß man besser 70—80 000 Cal im Monat ansetzen. Bei der Ernährung von Kleinkindern sind 36 000 Cal im Monat zu rechnen.

II. Der Bedarf des Menschen
an stickstoffhaltiger Substanz (Eiweiß).

Das lebende Gewebe des menschlichen Körpers enthält etwa 78 bis 80% Wasser und 20—22% feste Substanz. Diese feste Substanz besteht zu etwa 85% aus Eiweißstoffen. Chemisch sind die Eiweißstoffe kolloidale Polypeptide. Sie bestehen aus 16—17 verschiedenen Aminosäuren, die durch die sogenannte Peptidbindung miteinander verknüpft sind. Die Zahl und Menge der Aminosäuren, die jedes Eiweiß zusammensetzen, ist verschieden, und darauf beruhen die Unterschiede der einzelnen Eiweißkörper. Die Eiweißkörper der Nahrung werden bei der Verdauung im Magen und Dünndarm zerlegt, und dabei werden die Peptidbindungen gelöst. Die einzelnen Aminosäuren werden als solche resorbiert. Der größte Teil von ihnen wird verbrannt und liefert dabei Wärme wie andere Nahrungsstoffe. Der Kohlenstoff wird zu Kohlensäure, der Wasserstoff zu Wasser, der Stickstoff, der in jeder Aminosäure enthalten ist, zu Harnstoff. Der Schwefel, der in einer Aminosäure, dem Cystin, und somit in den meisten Eiweißstoffen enthalten ist, wird zu Schwefelsäure. Harnstoff und schwefelsaure Salze werden im Harn ausgeschieden. Ein zweiter Teil einzelner Aminosäuren dient besonderen Aufgaben im Körper, bildet Hormone oder anderes. Ein dritter Anteil wird verwendet, um neue Körpersubstanz zu bilden und verbrauchte zu ersetzen, indem die Aminosäuren wieder zu Eiweißkörpern zusammengefügt werden. Da das Nahrungseiweiß von dem aufzubauenden Körpereiweiß in der Regel verschieden ist, werden die Aminosäuren in anderer Zahl und Art zusammengefügt.

10—20% der Trockensubstanz im Körper ist kein Eiweiß, sondern besteht aus ganz anderen chemischen Stoffen, Nucleinsäure, Hämatin, Lezithin usw., für deren Aufbau dem Körper ebenfalls Material zugeführt werden muß, das resorbiert, aber nicht verbrannt wird. Auch diese Stoffe enthalten wie das Eiweiß Stickstoff, und da ihr chemischer Aufbau erst in den letzten Jahrzehnten bekanntgeworden ist, während man das Eiweiß schon längst erforschte, so hat sich in der Ernährungslehre der Gebrauch eingebürgert, alle obengenannten Stickstoffverbindungen „Eiweiß" zu nennen. Was die physiologische Chemie Eiweiß nennt, ist also etwas anderes, als was man in der Ernährungslehre darunter versteht. In der Ernährungslehre bestimmt man in der Regel in der Nahrung und in den Ausscheidungen (Stuhlgang oder Kot, Harn, Schweiß usw.) lediglich den Stickstoff und rechnet ihn auf Eiweiß um. Die Eiweißkörper enthalten durchschnittlich 16% Stickstoff. 100 : 16 = 6,25. Das Eiweiß der Ernährungslehre ist daher in Wirklichkeit Stickstoff × 6,25. Wenn man nur weiß, was hier unter Eiweiß verstanden wird, ist ein Mißverständnis kaum zu befürchten, und die Unklarheit kann wenig schaden, vor allem aus einem Grunde: die anderen stickstoffhaltigen Stoffe können von dem menschlichen Körper aus Aminosäuren aufgebaut werden, so daß sie in der Nahrung fehlen dürfen. Von den Aminosäuren ist es bei einigen auch der Fall, bei anderen aber nicht. Wir wissen heute von dem Lysin, dem Tyrosin, dem Tryptophan und dem Cystin, daß sie Bausteine des Nahrungseiweißes sein müssen. Es gilt aber wahrscheinlich auch von dem Leucin und vielleicht noch anderen. Es kommt daher in einem Nahrungsmittel außer auf den Stickstoffgehalt überhaupt sehr auf die Zusammensetzung des Eiweißes an; es ist dagegen gleichgültig, ob die anderen stickstoffhaltigen Bestandteile, die nicht Eiweiß sind, gegeben werden. Infolgedessen soll der alte Name „Eiweiß“ für die stickstoffhaltigen Anteile der Nahrung hier beibehalten werden. Doch wird außerdem immer der Stickstoffgehalt des Nahrungsmittels und der Nahrung angegeben werden.

Nukleinsäuren und Lezithin enthalten außerdem Phosphorsäure. Diese muß ebenfalls zugeführt werden. Hämatin enthält Eisen, das auch zugeführt werden muß. Über beide vgl. das IV. Kapitel. Hämatin und Nukleinsäuren als solche brauchen dem Körper nicht geliefert zu werden, und der Gehalt der Nahrungsmittel an ihnen ist gleichgültig, wenn der Körper nur über Phosphorsäure und Eisen im Stoffwechsel verfügt, um die genannten Verbindungen aufzubauen.

Es ist seit langem bekannt, daß die Nahrung des Menschen außer den Kalorien, die durch Verbrennung beliebigen Materials entstehen können, eine gewisse Mindestmenge von Eiweiß (Stickstoff) enthalten muß. Sie muß eben außer der Energie- und Wärmelieferung auch zum Aufbau von Körpersubstanz dienen. Das ist beim Wachsenden selbstverständlich, wenn die Körpermasse zunimmt. Der natürlich ernährte Säugling verwendet $^1/_3$ bis fast $^1/_2$ des Milchstickstoffs zum Aufbau seiner Gewebe. Nur $^2/_3$, unter Umständen nur 51% erscheinen in den Ausscheidungen wieder[1]. Aber auch im erwachsenen Menschen unterliegen manche Gewebe einem dauernden Umbau:

1. Die Geschlechtsorgane. Der nach außen entleerte männliche Samen und die Innenwand des Uterus, die bei jeder Menstruation sich abstößt, müssen ersetzt werden.

2. Die Haut. Die oberste verhornte Schicht stößt sich ab und wird aus den tieferen Lagen ergänzt. Haare und Nägel werden abgeschnitten und wachsen nach.

3. Die Verdauungsdrüsen und die Milchdrüse. Bei beiden geht regelmäßig ein Teil der absondernden Zelle in das Sekret über und wird dann wieder ersetzt. Dieser stetige Umbau der Verdauungsorgane ist der größte Posten. Man kann die Menge Stickstoff, die dafür am

---

[1] Tobler, L. u. F. Noll: Arch. f. Kinderheilk. Bd. 9, Nr. 4. 1888.

Tage erforderlich ist, auf 10—15 g berechnen[1,2]. Allerdings wird diese Menge nicht wie bei der Samenentleerung, der Menstruation und der abgesonderten Milch nach außen entleert. Sie braucht dem Körper nicht verloren zu gehen, sondern die Substanz der abgesonderten Verdauungssäfte kann durch die Fermente der Verdauung wie das Nahrungseiweiß zerlegt und wieder aufgesogen werden. Es wird aber ein Teil des abgesonderten Eiweißes nicht verdaut, sondern durch die Bakterien des Darmkanals verändert und geht mit dem Kot zu Verlust. Das gilt für Aminosäuren und für die Bausteine der Nukleinsäuren. Wie groß die Stickstoffmengen sind, die der nicht wachsende menschliche Körper täglich für den Umbau seiner Drüsen braucht, läßt sich heute nicht berechnen.

Infolgedessen hat man seit langem empirisch festzustellen versucht, wieviel Eiweiß (Stickstoff) man dem Körper täglich zuführen muß. Denn die Ausgaben für den Umbau und die Drüsenabsonderung sind notwendige Ausgaben. Wenn die entsprechenden Eiweißmengen nicht zugeführt werden, so verschafft sich der Körper das nötige Eiweiß aus seinen Beständen. Der gut ernährte Körper hat eine gewisse Menge Vorratseiweiß in der Leber aufgespeichert. Ist diese verbraucht, so werden die lebenden Gewebe, und zwar zunächst die der nicht so lebenswichtigen Organe, angegriffen und deren Eiweiße mit eingeschmolzen. Dann scheidet der Mensch mehr Stickstoff im Harn und Kot aus, als in der Nahrung zugeführt wird. Bei einer richtigen Ernährung müssen Nahrung und Ausscheidungen gleichviel Stickstoff enthalten, richtiger gesagt, die Nahrung muß für die Ausgaben der Geschlechtsorgane, für die Haut, für ausgespuckten Speichel und Schleim einen gewissen Überschuß von Stickstoff enthalten. Man nennt das Stickstoffgleichgewicht. Wegen der Unsicherheit unserer Kenntnis über die Vorgänge im Darm können nur Bestimmungen am Menschen entscheiden, wieviel Stickstoff zum Stickstoffgleichgewicht gehört. Der erste, der solche Bestimmungen angestellt hat, war C. Voit in München 1860 und später. Er fand, daß die Menschen seiner Umgebung 100—120 g Eiweiß, bzw. 16—19 g Stickstoff sich zuführten, wovon etwa 2—3 g Stickstoff im Kot verlorengingen, der Rest also für den Stoffwechsel Reineiweiß war, das schließlich zu Harnstoff verbrannte; im Harn waren also 14—16 g Stickstoff vorhanden.

Seither haben alle Beobachtungen bei freier Nahrungszufuhr in anderen Ländern immer ähnliche Zahlen ergeben. Rubner[3] hat kürzlich berechnet, daß in allen Ländern, für die Beobachtungen vorliegen, 79—90 g Eiweiß auf den Kopf der Bevölkerung (einschließlich Kinder) kommen. Die städtische Arbeiterbevölkerung, zumal in in-

---

¹ Kestner, O.: Zeitschr. f. physiol. Chem. Bd. 130, S. 208. 1923.
² Kestner, O.: Handb. d. norm. Physiologie. Bd. Korrelationen I.
³ Rubner, M.: Deutsche Medizin. Wochenschr. 1925, Nr. 7.

dustriellen Gebieten, hat bisweilen niedrigere Zahlen gezeigt, aber das waren dann Menschen, denen man ansah und anmerkte, daß sie mangelhaft ernährt waren. Mit dem zunehmenden Reichtum aller Kulturvölker in den letzten Jahrzehnten haben auch diese Bevölkerungsschichten etwa die gleichen Stickstoffmengen in der Nahrung erreicht, wie sie Voit beobachtet hatte.

Demgegenüber hat man in Laboratoriumsversuchen zu zeigen versucht, daß der Mensch auch mit weniger Stickstoff auskommen könne, und über diese Frage hat sich ein langdauernder Streit erhoben. Er ist gegenstandslos geworden, seitdem die Chemie des Eiweißes geklärt worden ist. Wie oben schon ausgeführt worden ist, haben die verschiedenen Eiweißstoffe der Nahrung eine verschiedene Zusammensetzung. Von den Aminosäuren, die das Eiweiß aufbauen, kann der menschliche Körper einen Teil herstellen, einen Teil aber nicht. Für diese letzteren gilt daher das gleiche Gesetz des Minimums, das Liebig einst für die Salze der Ackererde aufgestellt hat. Fehlt eine dieser Aminosäuren, so ist das ganze Eiweißmolekül weniger wert; es kann wohl zum Betriebsstoffwechsel dienen, d. h. verbrannt werden wie Stärke und Fett, aber nicht zum Aufbau lebendiger Substanz, zum Baustoffwechsel. Die „biologische Wertigkeit" (Rubner) einer bestimmten Eiweißart richtet sich nach demjenigen ihrer unersetzlichen Bausteine, der in geringster Menge vorkommt. Der erste, der das in klaren Versuchen gezeigt hat, war Hopkins[1]. Am Menschen hat Rubner[2] gezeigt, daß sich ein sehr niedriges Stickstoffminimum erzielen läßt, wenn der Stickstoff Milch oder Fleisch entstammt. Die tierischen Eiweiße haben den höchsten biologischen Wert. Dann folgen das Eiweiß der Kartoffeln und das Reiseiweiß, die um $1/4$—$1/3$ zurückstehen. Viel weniger wertvoll ist das Broteiweiß, das der Hülsenfrüchte und das von Spinat, Hefe und Mais.

Mit ganz anderer Methodik haben Osborne und Mendel[3] dasselbe gezeigt. Sie haben auf breitester Grundlage in Versuchen an wachsenden Ratten die einzelnen Eiweißkörper auf ihre biologische Wertigkeit durchgeprüft und in Beziehung zu ihrem chemischen Aufbau gebracht. Das Ergebnis deckt sich mit dem von Rubner. Am wertvollsten erwies sich Milchalbumin, d. h. von ihm genügte die geringste Menge, um eine eiweißarme, aber sonst zureichende Nahrung vollwertig zu machen. In kurzem Abstande folgten das Kasein der

---

[1] Willcock u. F. G. Hopkins: Journ. of physiol. Bd. 35, S. 88. 1906.

[2] Thomas, K.: Arch. f. Anat. u. Physiol., Physiol. Abt. 1909 u. 1910, Suppl. — Rubner, M.: ebenda 1915 bis 1919. — E. Kraus: Deutsch. Arch. f. klin. Med. Bd. 13, S. 150. 1926. — S. Lauter: ebenda Bd. 46, S. 139. (1922).

[3] Mendel, L. B. u. T. B. Osborne: Journ. of biol. chem. Bd. 12—45. 1912 bis 1920. Eine zusammenfassende Darstellung Bd. 29. 1917. Ferner Mac Collum, Simmonds und Mitarbeiter: ebenda Bd. 29 u. 47. Eine bequeme Zusammenstellung steht bei C. J. Martin u. R. Robinson: Biochem. journ. Bd. 16. 1922.

Milch und das Fleischeiweiß; die Pflanzeneiweiße standen weit zurück. Wurde reichlich Eiweiß gegeben, so betrug die Gewichtszunahme der Versuchsratten, auf 1 g Nahrungseiweiß bezogen:

bei Milcheiweiß .... 2,5 g
„ Fleischeiweiß und Kasein .... 2,46 g
„ Weizeneiweiß .... 1,6 g.

Mc Collum[1] bestimmte folgende biologische Wertigkeit:

Milcheiweiß 100
Hafereiweiß 75
Hirseeiweiß 75
Weizen, Mais, Reis ... 50
Bohnen, Erbsen 25

Die Zahlen sind im einzelnen abweichend, was nicht zu verwundern ist. Die Reihenfolge ist aber auch hier die gleiche.

Einzelheiten über das Weizeneiweiß s. S. 94.

Wurde die gesamte Lebensdauer von Ratten über mehr als eine Generation hinaus verglichen, ergab sich die gleiche Reihenfolge.

Als Eiweißminimum wurde im Rattenversuch festgestellt: 8—15% der Nahrung für die Milcheiweiße, 19—27% für Weizeneiweiß.

Auffallend ist die geringe biologische Wertigkeit des Broteiweißes. Sonst ist es höchst bemerkenswert, daß von allen Pflanzeneiweißen Kartoffeln und Reis am höchsten stehen, und daß gerade diese beiden Pflanzen von den Menschen gefunden und kultiviert wurden.

Sehr wesentlich ist, daß die einzelnen Eiweißkörper zwar minderwertig sein können, daß aber diese Minderwertigkeit von dem Fehlen von unter sich verschiedenen Aminosäuren abhängen kann. Infolgedessen können sich zwei Eiweißkörper, von denen jeder für sich eine geringe biologische Wertigkeit besitzt, doch ergänzen, wenn der eine diejenige Aminosäure enthält, die dem anderen fehlt. Es erhellt die große Wichtigkeit einer gemischten, abwechslungsreichen Nahrung.

Die größte Gefährdung durch mangelhafte Ernährung kommt da vor, wo ein Nahrungsmittel dauernd im Mittelpunkt der Ernährung steht und alle übrigen Stoffe nur kleine Ergänzungen der Ernährung darstellen, wie bei dem Reis in Ostasien oder dem Mais unter der armen Landbevölkerung in Rumänien.

Mit diesen Feststellungen von Rubner, Osborne und Mendel ist der ganze vieljährige Streit über das physiologische Eiweißminimum gegenstandslos geworden. Wie Rubner immer gesagt hat, gibt es ein bestimmtes, scharf definiertes physiologisches Eiweißminimum überhaupt nicht. Für die praktische Ernährung aber liegt es so, daß gerade die biologisch hochwertigen tierischen Eiweiße teuer und selten

---

[1] Mc Collum: Journ. of biol. chem. Bd. 37, S. 155. 1919.

sind und Fleisch und Milch eiweißreich sind. Sobald daher eine Nahrung Fleisch und Milch enthält, wird sie auch fast immer eiweißreich sein. Die eiweißarmen, rein pflanzlichen Nahrungsgemische aber müßten bei der Minderwertigkeit des Eiweißes gerade besonders eiweißreich sein. Milch spielt nur bei der Kinderernährung die Hauptrolle. Bei der hohen biologischen Wertigkeit der Milcheiweiße kann daher das kleine Kind mit einer verhältnismäßig geringen Eiweißmenge auskommen, und die Kinderärzte haben beobachtet, daß eine größere Eiweißzufuhr dem Kinde gar nicht gut bekommt. Auf das ältere Kind und auf die Erwachsenen, die sich von gemischter Nahrung ernähren, darf diese Feststellung nicht übertragen werden.

Es fragt sich, ob man für die landesübliche gemischte Ernährung die richtige Eiweißmenge bestimmen kann. Ganz genau wohl nicht, das das Verhältnis von Brot, Kartoffeln, Gemüse, Milch, Fleisch stark wechselt und offenbar gewisse Unterschiede zwischen den einzelnen Menschen bestehen. Praktisch geht das aber ganz gut. Die Ernährung des Nordamerikaners aller Berufe ist verhältnismäßig reich an Fleisch, Milch und Milchprodukten. Bei ihm fand Benedict[1], daß man mit 10—12 g Stickstoff nicht in das Stickstoffgleichgewicht kommt, sondern täglich 1—2 g Stickstoff abgibt. Für eine absichtlich gewählte pflanzliche Diät gebildeter Nordamerikaner sah Chittenden[2] auch 11—12 g nicht genügen. Bei einer Nahrung, von der 70% und mehr des Stickstoffs Fleisch und Milcheiweiß waren, kam Neumann[3] mit 12,3 g Stickstoff nicht in ein genügendes Stickstoffgleichgewicht. Nach den deutschen Kriegserfahrungen genügten 10 g überwiegend von pflanzlichen Eiweißen herrührenden Stickstoffs selbst nach langdauerndem Stickstoffhunger nicht, um Stickstoffverluste zu verhüten. Mit 14 g Stickstoff gelingt es in der Regel, in das Stickstoffgleichgewicht zu kommen, wenn nur ein Teil davon biologisch hochwertig ist. 14 g Stickstoff entsprechen 90 g Eiweiß. Da man einen gewissen Sicherheitsfaktor braucht, wird man in der Praxis besser 100 g Eiweiß rechnen, wovon mindestens $^1/_3$ biologisch hochwertig sein soll. Es bezieht sich dies auf Reineiweiß, d. h. die Stickstoffmengen im Kot sind in Abzug gebracht.

Was geschieht nun, wenn die zugeführte Stickstoffmenge unter diesem Wert bleibt? Da der Körper in der Leber Vorratseiweiß besitzt und ein vorübergehendes Einschmelzen selbst von Organeiweiß ohne Bedenken ertragen und wieder ersetzen kann, so darf die Eiweißmenge der Nahrung an einzelnen Tagen die stärksten Abweichungen zeigen, wenn sie nur in längeren Perioden genügt. Ist das aber nicht

---

[1] Benedict, F. G. und Mitarbeiter: Human vitality and efficiency. Carnegie Inst. of Washington, Public. Nr. 280. 1919.

[2] Chittenden, R. H.: Physiological Economy in Nutrition. London 1905.

[3] Neumann, R. O.: Arch. f. Hyg. Bd. 45, S. 1. 1902.

der Fall, so wird unweigerlich Körpereiweiß eingeschmolzen, aber zunächst das von weniger lebenswichtigen Organen, besonders von Muskeln. Dabei kann der tägliche Eiweißverlust so eingeschränkt werden, daß man dem Körper in Aussehen, Verrichtungen und Gesundheit wenig anmerkt. Selbst die sich täglich verringernde Muskulatur vermag dabei durch Übung ihre Leistungsfähigkeit noch zu steigern. In diese Zeit fallen alle älteren Untersuchungen von Chittenden u. a., die für eine Erniedrigung des Nahrungseiweißes eintraten. Sie haben die feinen Veränderungen nicht gemerkt, die mangelnde Lust zur Arbeit, zum Sport, zur Bewegung und den sich verringernden Geschlechtstrieb. Daß der Körper unter abnormen Bedingungen steht, zeigt sich, wenn man vorübergehend eine Eiweißzulage zur Kost macht. Dann wird das überschüssige Eiweiß nicht, wie bei dem normal ernährten Menschen, verbrannt und ausgeschieden, sondern es wird im Körper zurückgehalten und zum Aufbau der geschädigten Gewebe verwendet. Der Mensch, der längere Zeit nicht die gewohnte Menge von 14—16 g Stickstoff erhalten hat, verhält sich wie ein Rekonvaleszent nach zehrender Krankheit, wie ein Hungernder nach beendetem Hungern oder wie ein schnell wachsender Säugling. Eine Eiweißmahlzeit von 4 g Stickstoff und mehr ruft keine Stoffwechselsteigerung hervor, und Eiweißzulagen verändern die Stickstoffausscheidung nicht. Schließlich wird ein Stadium erreicht, wo selbst von einer Stickstoffmenge, die weit unter dem früheren Hungerminimum ist, noch Stickstoff im Körper zurückgehalten wird[1, 2]. Dann ist freilich der Körper deutlich geschädigt, die Widerstandsfähigkeit gegen Krankheiten vermindert; bei Frauen kann die Menstruation ausbleiben. Die Schädigungen des deutschen Volkes durch die Hungerblockade sind Folgen des Eiweißmangels gewesen. Es ist, wie gesagt, möglich, daß diese Folgen erst recht spät ganz in die Erscheinung treten und übersehen werden können. Energische Menschen, die absichtlich eine eiweißarme Kost zu sich nehmen, können sie eine gewisse Zeit hindurch unterdrücken, schließlich treten sie verstärkt auf.

Sehr ausgesprochen zeigt sich im Wachstumsalter, also bei Kindern, die Bedeutung der biologischen Wertigkeit. Fehlen die biologisch hochwertigen tierischen Eiweiße in dieser Zeit, so bleibt das Wachstum zurück. Im Rattenversuch ist das in den S. 25 angeführten Arbeiten gezeigt worden. Bei Ratten mit überschüssiger, der Menge nach beliebiger Nahrung und genügendem Vitamingehalt fand Kestner folgende Wachstumskurven (Abb. 4).

Auf das Wachstum wirkt der Mangel an tierischem Eiweiß ähnlich wie Vitaminmangel, und es ist im einzelnen Falle beim Menschen in

---

[1] Kestner, O.: Dtsch. med. Wochenschr. 1919, S. 235.
[2] v. Hoësslin, H.: Arch. f. Hyg. Bd. 88, S. 147. 1919.

unseren Breiten oft schwer zu entscheiden, ob eine Unterernährung sein Wachstum mehr durch Eiweißmangel schädigt oder mehr durch Vitaminmangel. In den südlichen Ländern, in denen der reichliche Früchtegenuß einen Vitaminmangel kaum aufkommen läßt, ist der Mangel an hochwertigem Eiweiß die viel größere Gefahr. Über diese Folgen vergl. S. 47 u. 48.

Für die praktische menschliche Ernährung haben diese Kriegserfahrungen und die sich an sie anschließenden Untersuchungen gezeigt, daß die alte Forderung Voits und der meisten Physiologen die volle Berechtigung hatte, der Mensch solle bei der gemischten, bei uns üblichen Ernährung etwa 100 g verwertbares Eiweiß täglich zu sich nehmen.

Was geschieht nun, wenn er mehr zu sich nimmt, als er braucht? Dann wird das überschüssige Eiweiß einfach verbrannt und der zugehörige Stickstoff mit dem Harn ausgeschieden. Daß dadurch Schädigungen auftreten, ist nicht bekannt. Aber es ist Verschwendung, und tatsächlich scheint es in allen Ländern und Ständen nur selten vorzukommen. Eine rein diätetische Eiweißmast ist also nur bis zu einem geringen Grade möglich. Eine Vermehrung des gesamten N-Bestandes darüber hinaus ist nur möglich, wenn bei ausreichendem

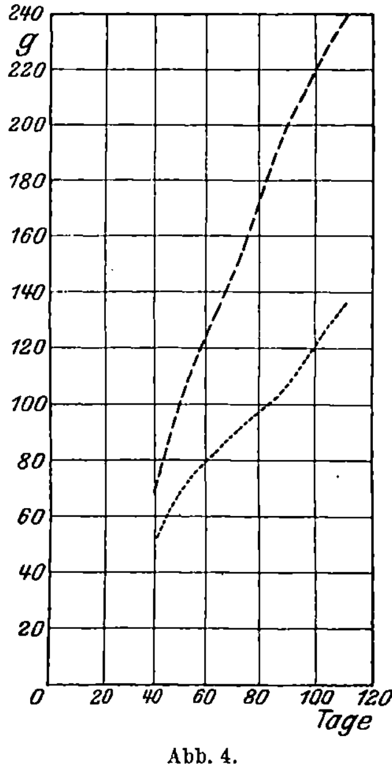

Abb. 4.

----- Fleisch, Speck, Milch, Käse.
...... Hafer, Magermilch, Brot, Kohl, Rüben.

N-Angebot durch regelmäßige körperliche Betätigung die gesamte Muskelmasse vermehrt wird.

Für Eiweiß gilt dasselbe wie für den Wärmewert der Nahrung. Ein Teil geht bei der Verdauung verloren. Bei dem Stickstoff sind die relativen Unterschiede sogar noch größer als bei den Kalorien oder der Gesamtnahrung. Man müßte eigentlich streng unterscheiden zwischen dem unresorbiert bleibenden Anteil und zwischen dem Stickstoff, der aus Verdauungssäften stammt (vgl. Kap. VIII). Für die Ernährung kommt es aber nicht darauf an, ob der Stickstoff nicht aufgenommen wird oder ob bei seiner Aufnahme eine gewisse Menge von Körperstickstoff in Verlust gerät. Ja, das letztere kann für den Körper noch unangenehmer sein, weil das verlorene Eiweiß hochwertiges Körpereiweiß ist und das nichtresorbierte z. B. minderwertiges Pflanzeneiweiß sein kann.

Infolgedessen gilt für den Stickstoff geradeso wie für den Wärmewert der Unterschied zwischen dem Roheiweiß, das die chemische

Untersuchung des Nahrungsmittels ergibt, und dem Reineiweiß, das der Mensch wirklich verwertet. Bei Fleisch, Milch und Milchprodukten ist der Unterschied unbedeutend, auch feines Weizenmehl und Kartoffeln zeigen nur geringe Unterschiede. Bei grobem Brot, bei Hülsenfrüchten, bei Obst und Gemüsen beträgt der Unterschied 30—60%. Vgl. „Besonderer Teil". Die Ursache ist der Zellulosegehalt dieser Stoffe, von dem im Kapitel VIII noch die Rede sein wird.

Rechnet man in derselben Weise wie für die Kalorien den gesamten Jahresbedarf des deutschen Volkes an Eiweiß und Stickstoff aus, so würde man auf etwas. unter 2 Milliarden Kilogramm Eiweiß oder 300 Millionen Kilogramm Stickstoff kommen. Für die Ernährung von Soldaten, Kranken und Gefangenen würde man nicht unter 2,7 kg im Monat Eiweiß oder 430 g Stickstoff rechnen müssen. Für Kinderheime muß man 2,4 kg Eiweiß oder 400 g Stickstoff im Monat rechnen.

Verhältnis von Eiweißnahrung zur Gesamtnahrung bei den verschiedenen Berufen.

Wie in Kapitel I auseinandergesetzt, brauchen die verschiedenen Menschen je nach ihrer Muskeltätigkeit eine Nahrung von verschiedenem Wärmewert. Sie brauchen aber alle ungefähr gleich viel Eiweiß. Denn bei der Muskeltätigkeit findet ein derartiger Umbau der lebenden Gewebe, wie wir ihn von den absondernden Drüsen kennen, nicht statt. Der Muskelstoffwechsel ist ein reiner Betriebsstoffwechsel, bei dem die erforderliche Energie durch Verbrennung verschiedenen Materials geliefert werden kann. Eiweiß wird gebraucht für die Verdauung, für die Haut und für die Geschlechtsorgane. Der Eiweißbedarf ist also unabhängig von dem Beruf. Daraus ergibt sich eine sehr wichtige Schlußfolgerung: der körperlich Arbeitende braucht täglich in seiner Nahrung 3000—5000 Cal und 100 g Eiweiß. Der körperlich Nichtarbeitende braucht auch 100 g Eiweiß, aber nur 2200—2400 Cal.

Atwater und Benedict[1] fanden im Durchschnitt ihrer 115-tägigen Versuche im Respirationskalorimeter folgenden Reinumsatz:

für den Erwachsenen

in der Ruhe:	bei Muskelarbeit:
106,9 g Eiweiß	108,1 g Eiweiß
2260 Cal	4556 Cal.

Die Untersucher brauchten in der Ruhe 1823 Cal aus eiweißfreiem Material, bei der Arbeit 4119. Die Nahrung der Menschen ohne Muskelarbeit ist also nicht absolut, wohl aber relativ reicher an Eiweiß. Nach

---

[1] Atwater, W. O.: Ergebn. d. Physiol., 3. Jahrg., 1. Abt. Biochem. S. 558, 1904.

den Zahlen von Rubner[1] wurden durch Verbrennung von Eiweiß
gedeckt bei einem

Arzt	20%	der Kalorien
Schreiner	17%	„ „
Dienstmann	17%	„ „
Bauernknecht (Italien)	15%	„ „
Bauernknecht (Siebenbürgen):	13%	„ „.
Holzfäller (Bayern)..........	8—9%	„ „

In folgender Tabelle ist angeführt, wieviel verwertbare Kalorien
zusammen mit 100 g verwertbarem Eiweiß in den wichtigeren Nahrungsmitteln aufgenommen werden:

Fleisch	500	Cal
Ei...........................	1100	„
Käse	1300	„
Milch	2000	„
Weißbrot	3300	„
Mais.........................	4100	„
Kartoffeln	5000	„
Reis	5600	„
Gröbstes Brot................	7600	„

(Roggenbrot 94% Ausmahlung).

Die Unterschiede sind in Wirklichkeit noch größer, da die in
der Tabelle obenstehenden Stoffe biologisch hochwertiges, die unten-
stehenden weniger wertvolles Eiweiß enthalten. Die Rechnung läßt
sich aber nicht genau durchführen. Nach diesen Zahlen ist es bei
schwerer Muskelarbeit zweckmäßig, die unten in der Tabelle stehenden
Stoffe in den Mittelpunkt der Ernährung zu schieben. Bei schwerer
Muskelarbeit kann also eine Ernährung angemessen sein, die fast ausschließlich aus Vegetabilien, aus Brot, Reis und Kartoffeln, besteht.
Der schwer arbeitende Handarbeiter oder Steinhauer, der für seine
Arbeit 3900 Cal im Tage umsetzt (S. 15ff.), erhält in 1800 g Roggenbrot
und 125 g Käse 5100 Cal und 100 g Eiweiß. Der japanische oder chine-
sische Kuli, dessen Leistungsfähigkeit im Wagenziehen und Lasten-
tragen der Europäer bewundert, kann sich unbedenklich mit Reis
und wenigen Zusätzen ernähren; denn in 1200 g Reis erhält er neben
72 g Eiweiß 3900 Cal, und so viel braucht er für seine Muskelarbeit.
Ganz anders der Mensch mit sitzender Arbeitsweise, der nur 2200
bis 2400 Cal im Tage benötigt. Wollte der sich mit Roggen allein ernähren, so könnte er die erforderlichen 2200 Cal durch 1000 g Brot
decken. Aber dann bekommt er nur 37 g nutzbares Eiweiß und nicht

---

[1] Rubner, M.: Zeitschr. f. Biol. Bd. 21, S. 385. 1885.

die 100 g, die er braucht. Er muß, um sich richtig zu ernähren, einen
Teil des Brotes durch etwas ersetzen, das viel Eiweiß enthält, aber
wenig Kalorien liefert. Am geeignetsten ist hierfür das Fleisch, das
am meisten Eiweiß und relativ wenig Kalorien enthält; aber auch
Fischfleisch, Milch und Milchpräparate, zumal Käse, oder Eier erfüllen die Bedingung.

Die typische alte Kost der Ackerbauländer baut sich auf die Ze-
realien auf. Die Masse der Kalorien und des Eiweißes wird je nach der
Gegend durch Brot, Mais, Reis oder Kartoffeln geliefert, Fett wird in
Öl, Milch, Käse und Schmalz hinzugefügt, Eiweiß in Milch und Milchprodukten und Leguminosen, in Neapel und in Japan in Fischen und
in anderen Meerestieren; Fleisch ist Festtagsessen. Dieser Ernährungs-
art gehört das Voitsche Kostmaß an. Von den nicht durch Eiweiß
gedeckten Kalorien kommen 80% auf Kohlenhydrate, 20% auf Fett;
bei der Ernährung der Soldaten nach Voit kommen sogar 90% des
Brennwertes, der durch Nichteiweiß geliefert wird, auf Kohlenhydrate,
bei der von Voit mitgeteilten eines schwer arbeitenden Brauknechtes
78%. Bei dem armen Teil der Neapolitaner kommen nach Manfredi[1]
15%, bei den armen Schichten der Japaner[2] 6% der Kalorien auf
Fett. Diese Kost stammt ganz überwiegend aus dem Pflanzenreich.

Im Laufe des letzten Jahrhunderts hat die Kulturentwicklung
eine große Änderung in der Beschäftigung der Bevölkerung hervorgerufen. Erstens hat die Zahl der Leute, die nicht körperlich arbeiten,
bedeutend zugenommen; es gibt viel mehr Kaufleute, Beamte, Schreiber
als früher. Zweitens ist in der Landwirtschaft und dem alten Hand-
werk ein erheblicher Teil der menschlichen Muskelkraft durch die
Kraft der Maschine ersetzt worden; das Getreide wird nicht von Menschen
gedroschen, sondern mit der Dreschmaschine. Auf einem modern be-
triebenen Gute sitzt der Pflügende auf seinem Pfluge; dem Schreiner,
dem Schuster, dem Schlosser ist eine Menge gerade schwerer Arbeit
abgenommen worden. Drittens endlich, und das ist das wichtigste,
hat sich die ganze Masse der industriellen Arbeiterschaft erst gebildet.
Arbeiter und Arbeiterinnen in chemischen und Maschinenfabriken, in
der Konfektions- und Zigarrenindustrie usw. hat es früher überhaupt
nicht gegeben, und von dieser großen Menschenklasse, die heute in
Deutschland fast die Hälfte der Bevölkerung ausmacht, hat der größere
Teil keine schwere Muskelarbeit zu leisten, sondern ist sitzend tätig;
oder es wird die Arbeit von der Maschine geleistet, und der Mensch
hat die Maschine lediglich zu beaufsichtigen und zu lenken. Während
ehemals nur ein kleiner Teil der Männer der ersten Kategorie angehörte

[1] Manfredi, L.: Arch. f. Hyg. Bd. 17 (vgl. auch Rubner: v. Leydens Handbuch der Ernährungstherapie). — Voit, C.: Hermanns Handbuch der Physiol.
Bd. 6, I, S. 508ff. 1881.
[2] Keller, O. u. v. Mori: Zeitschr. f. Biol. Bd. 25, S. 102. 1889.

und die Masse des Volkes schwere und schwerste Muskelarbeit leistete, ist das heute anders geworden, und damit mußte sich auch die Nahrung ändern. Schon auf dem Lande muß heute im ganzen weniger gegessen werden als vor einem Menschenalter, dafür eine eiweißreichere Kost, und in den Städten muß heute der Durchschnitt der Bevölkerung sich so nähren wie früher nur die gebildeten und wohlhabenden Klassen. Es ist nicht „Begehrlichkeit" und Genußsucht der Arbeiter, wenn sie sich einen reichlicheren Genuß von Fleisch, Milch, Eiern usw. zu verschaffen suchen, sondern ein derartiges Verlangen ist physiologisch begründet[1].

In den Ländern mit der älteren Industrieentwicklung, in England und Nordamerika, ist denn auch der Fleischgenuß der Arbeiter bereits ein sehr reichlicher. Das Zurücktreten von Brot und Kartoffeln in der Kost, die großen Mengen von Fleisch, Butter, Sahne, Milch fallen jedem Europäer auf, der nach den Vereinigten Staaten kommt[2]. Zunächst erscheint uns diese Kost als eiweißreich, aber die Analysen von Atwater und Chittenden haben ergeben, daß das nicht der Fall ist. Nur der relative Anteil des Eiweißes ist größer, und das Fett tritt auf Kosten der Kohlenhydrate, die animalische Nahrung auf Kosten der pflanzlichen in den Vordergrund. Sehr deutlich zeigt sich das in der großen Statistik über die Ernährung von 2567 Arbeiterfamilien[3]. Für die Ernährung des einzelnen erhält man daraus ebensowenig brauchbare Werte wie aus anderen Arbeiterbudgets. Aber der durchschnittliche Anteil der einzelnen Nahrungsmittel an der Nahrung läßt sich ersehen. Danach kamen von den Kalorien auf:

Fleisch, Geflügel, Fisch........	24%
Eier	2%
Milch, Käse, Butter, Speck ...	22%
Brot, Mehl, Kartoffeln, Reis ..	40%
Zucker.....................	12%

48% der Kalorien sind animalischen Ursprungs, 60% in zellulosefreien Nahrungsmitteln enthalten; nur 50% der Kalorien sind in Kohlenhydraten enthalten, und von diesen ist über ein Viertel Rohrzucker. Von dem Eiweiß sind 59% animalischen Ursprungs.

Bei uns in Deutschland nähern sich die Wohlhabenden schon lange dieser animalischen Kost. Die Kost der von Forster (s. o.) vor 35 Jah-

---

[1] In den letzten Jahren ist mit der allgemeinen Rationalisierung der Arbeit diese Entwicklung noch besonders beschleunigt worden. (Kestner, O.: Klin. Wochenschr. 1927, 6. Jahrg., S. 31 u. 1923, S. 150.)

[2] Kolb, A.: Als Arbeiter in Amerika. Berlin 1905. — Laquer, B.: Trunksucht und Temperenz in den Vereinigten Staaten. Wiesbaden 1905.

[3] Bull. of the Bureau of labour. Nr. 54 (September 1904); hergestellt für die Weltausstellung in St. Louis, S. 1162.

ren untersuchten Münchener Ärzte enthielt schon nur noch 52 und 45% der Kalorien in Kohlenhydraten. Daß aber auch weitere Kreise der Bevölkerung ihren Übergang zur fleischreicheren Kost vollziehen, lehrt die Statistik. Denn der Verbrauch an Brotgetreide und Kartoffeln ist in Deutschland auf den Kopf der Bevölkerung im Laufe der letzten 30 Jahre bis zum Kriege unverändert geblieben. Der Viehstand hat sich ganz außerordentlich gehoben[1].

Für Sachsen wird auf Grund der Schlachtsteuer als jährlicher Verbrauch an Rind- und Schweinefleisch pro Kopf der Bevölkerung angegeben:

1835—1844	16 kg	1875—1884	30 kg
1845—1854	17 ,,	1885—1894	35 ,,
1855—1864	21 ,,	1898	41 ,,
1865—1874	25 ,,	1903	44 ,,

In dieser Beziehung hat uns der Krieg außerordentlich zurückgeworfen. Vom ernährungsphysiologischen Standpunkt muß der Bau von Roggen und Kartoffeln stark eingeschränkt werden, dagegen bedarf die Produktion von Fleisch, Milch, Gemüse und Obst dringend der Steigerung.

Seit 1924 ist der Fleischverbrauch wieder im Ansteigen begriffen, in jüngster Zeit in recht schnellem Tempo. Wie aus der Denkschrift des Reichsernährungsministeriums über das landwirtschafliche Notprogramm 1927 hervorgeht, war die Zahl der Rinder- und Schweineschlachtungen im ersten Vierteljahr 1928 größer als in der Vorkriegszeit. Da auch die Durchschnittsschlachtgewichte für Ochsen und Bullen sich denen der Vorkriegszeit nahezu wieder angeglichen haben, so ist die Fleischmenge beträchtlich größer als vor dem Kriege. Die Quoten für das erste Vierteljahr der Jahre 1911/13, 1927 und 1928 verhalten sich wie 100:99:113. Solange die Landwirtschaft ihre Fleischproduktion nicht viel stärker steigert als es jetzt der Fall ist, ist im Interesse der Leistungsfähigkeit und der Wettbewerbsfähigkeit der deutschen Bevölkerung die Gefrierfleischeinfuhr ein notwendiges Erfordernis. Gefrierfleisch ist ernährungsphysiologisch genau so wertvoll (s. S. 77) wie frisches Fleisch; da es vielfach von gut gemästeten Tieren stammt, ist es noch besonders wertvoll. Auch die Gewinnung ist, wie wir heute wissen, völlig einwandfrei[2]. Vom ernährungsphysiologischen Standpunkte wäre es besser, wenn mehr als bisher Arbeit und Landgebiet herangezogen würden für Viehzucht, für Produktion von Gemüsen und Obst. Sehr große Summen gehen dafür ins Ausland, insbesondere für Früh-

---

[1] Gerlach, O.: Handwörterbuch der Staatswissenschaften, Artikel Fleisch, Bd. 3, S. 1098. 1900.

[2] Neumann, R. O.: Argentinisches Gefrierfleisch. Berlin: Springer 1925.

gemüse. Die Nahrungsmitteleinfuhr hat einen in Hinblick auf die Handelsbilanz des deutschen Reiches bedrohlichen Umfang erreicht. Eine Änderung dieser Dinge erscheint also unvermeidlich.

Es sei mit Nackdruck auf die Mißstände in der Obstversorgung (s. S. 47) verwiesen. In den U.S.A. ist trotz der riesigen Entfernungen zwischen den Produktionsgebieten und den Verbrauchern und trotz der hohen Arbeitslöhne in den Großstädten wie New York dank einer großzügigen Organisation das Obst relativ billiger als bei uns.

Sehr zu begrüßen sind die Bestrebungen in Deutschland, durch zweckmäßig eingerichtete Geflügelfarmen die Versorgung der Bevölkerung mit Geflügel und Eiern zu verbessern. Weiterhin eröffnen sich der heimischen Landwirtschaft wichtige Betätigungsmöglichkeiten in dem genannten Sinne auf dem Gebiete der Butter- und Käseproduktion. Der Einfuhrüberschuß an Milch, Butter und Käse war 1913 187 Millionen Mark, 1926 450 Millionen und 1927 etwa 500 Millionen. Bei einem Bestand von 9,7 Millionen Kühen in Deutschland beträgt der Einfuhrüberschuß, in Milch umgerechnet, per Kuh und Jahr 370 kg. Dieser Betrag müßte mehr erzeugt werden pro Kuh und Jahr, um den Einfuhrüberschuß auszuschalten. Diese Möglichkeit ist gegeben, wenn man bedenkt, daß in vielen Betrieben pro Tier und Jahr 3300 kg Milch erzeugt werden, bei einer mittleren Leistung im Reich von 2000 kg (nach vorsichtiger Schätzung von Dr. Eßkuchen - Hamburg). In den Nachbarländern, z. B. in Polen, werden energische Anstrengungen gemacht, die Produktion durch Einfuhr und Züchtung hochwertigen Viehes und andere Maßnahmen zu heben. Bei den verbesserten Transportbedingungen und Konservierungsmethoden ist selbst von überseeischen Ländern das Angebot der genannten Produkte in Europa recht beachtenswert, so bestreitet Neuseeland schon einen beträchtlichen Teil der englischen Buttereinfuhr.

Kinderernährung.

Das Kind jenseits des Säuglingsalters hat (vgl. S. 19) eine sehr starke Muskelbetätigung und einen sehr hohen Kalorienbedarf. Es muß also in der Art seiner Nahrung sich wie diejenigen Berufe verhalten, die schwere Muskelarbeit leisten. In der kindlichen Ernährung ist daher Fleisch nicht wichtig, dagegen die kalorienliefernden Nahrungsmittel wie Brot, Kartoffeln und Fett von allergrößter Bedeutung.

Näheres findet sich in der Arbeit von C. Tigerstedt über die Ernährung der finnischen Bevölkerung (Skandinav. Arch. für Physiol. Bd. 34, S. 151. 1916).

Eine Sonderstellung nehmen Milch und Milchprodukte wegen des Gehaltes an hochwertigem Eiweiß und Vitamin ein (s. S. 41). Immer muß für ausreichende Zufuhr gesorgt sein. Von vielen Seiten wird in neuerer Zeit Propaganda für reichlichen Milchgenuß gemacht. Im Ganzen mit Recht. Doch hat die ärztliche Erfahrung gezeigt, daß die Milchzufuhr ein gewisses Maß nicht übersteigen soll. Wenn man nach dem Säuglingsalter zu lange sehr viel Milch gibt, so ist bei manchen Kindern die Gewöhnung an das Essen sehr schwierig.

Feer[1] empfiehlt eine Zufuhr von 100 g Milch pro Kilogramm Körpergewicht, bis das Kind 5 kg erreicht hat, von dann an aber nicht über 500 g Milch hinauszugehen. Für das Kleinkind sind wertvoll Zulagen der verschiedensten Art. Jedes Gemüse in Breiform (als feinster Brei durch ein Haarsieb gedrückt). Frische Obstsäfte können schon mit 3—4 Monaten kaffeelöffelweise gegeben werden, mit einem halben Jahr zerriebene geschälte Äpfel, zerdrückte Beerenfrucht. Die nötigen Brennwertzahlen werden durch Zugabe von Hafermehlbrei, Zwieback, usw. zur Milch erreicht.

Ein großer Teil der in der Landwirtschaft gewonnenen Milch wird zur Gewinnung von Butter usw. verwandt. Es wird dadurch der gewaltige Import von Molkereiprodukten eingeschränkt. Magermilch dient als Viehfutter.

III. Bedeutung des Fettes.
Unterschied zwischen Fett und Kohlenhydraten.

An und für sich besteht ernährungsphysiologisch zwischen ihnen kein Unterschied, da sie beide vollständig verbrannt werden und nur Wärme liefern können. Eine gewisse Menge von Kohlenhydraten ist in der Nahrung notwendig, doch spielt das für die praktische Ernährung keine Rolle, da außer in den arktischen Gegenden, in denen keine Kulturpflanzen wachsen, die Stärke immer am leichtesten und billigsten zu haben ist. Wichtig ist dagegen für die Ernährung der verschiedene Wärmewert:

$$1 \text{ g Kohlenhydrat} = 4{,}1 \text{ Cal}$$
$$1 \text{ g Fett} \qquad = 9{,}3 \text{ „}$$

Der Nährwert des Fettes ist also $2^1/_2$mal höher als der der Kohlenhydrate. Fett ermöglicht daher, mit einer viel geringeren Nahrungsmenge auszukommen. Ferner hat Fett einen sehr hohen Sättigungswert. Beide Eigenschaften machen den Menschen, je mehr Fett er ißt, desto unabhängiger von häufiger und massiger Nahrungszufuhr. Der Verbrauch an Fett hat daher mit der modernen städtischen Lebensweise und der Intensivierung der Arbeit überall erheblich zugenommen; und man kann von dem Fett ähnlich wie von dem Fleisch sagen, daß es zu den Wahrzeichen der modernen städtischen Ernährung gehört. Auch ohne nähere Prüfung wird man eine fettreiche Kost von vornherein

---

[1] Feer, Schweiz. med. Wochenschr. Jahrg. 55, Nr. 46. 1925.

mit erheblicher Wahrscheinlichkeit als eine gute Kost bezeichnen dürfen. Ein bestimmtes Minimum an Fett, wie es für das Eiweiß der Fall ist, läßt sich nach Lage der Sache aber nicht angeben.

Von besonderer Bedeutung ist das Fett bei chronisch fiebernden Kranken, insbesondere bei Tuberkulösen. Infolge des Fiebers haben sie einen gesteigerten Stoffwechsel und außerdem einen verminderten Appetit; die Zufuhr ist also verringert und der Verbrauch vermehrt. Daher die Abmagerung der Tuberkulösen (Auszehrung). Es kommt also darauf an, dem Tuberkulösen reichlich hochwertige Nahrung zuzuführen, und das ist am besten durch starke Fettzufuhr zu erzielen. Denn die appetitlosen, fiebernden Kranken können die massigen kohlenhydratreichen Nahrungsmittel Brot und Kartoffeln gar nicht in den erforderlichen Mengen essen.

Von größter Wichtigkeit ist die enge Beziehung der Fette zu dem fettlöslichen antiskorbutischen Vitamin, für das Butter, Vollmilch und Rindsfett die reichsten Quellen sind. Der Tuberkulöse verzehrt seinen eigenen Körper, muß sich also dauernd erneuern und braucht dazu im antiskorbutischen Vitamin den nötigen Wachstumsstoff. (Über Butter und Lebertran s. bei den Vitaminen.)

Wenn man trockene Nahrungsmittel mit Äther extrahiert, so geht außer dem Fett noch anderes in Lösung, namentlich die sogenannten Lipoide. Sie sind in jedem tierischen und pflanzlichen Gewebe vorhanden, daher auch in fast all unserer Nahrung. Biologisch spielen sie im Gewebe eine sehr große Rolle. Soweit wir aber wissen, kann der Körper sie aufbauen, und ihre Bedeutung in der Nahrung ist daher nicht so groß. Die Summe von Lipoiden und von wirklichem Fett bezeichnet man auch als Rohfett, doch wird der Ausdruck hier nicht gebraucht werden.

IV. Wasser und Salze in der Nahrung.

Der Körper eines nicht zu fetten Menschen enthält rund 60% Wasser und 4,5—5% Salze. Beide müssen daher auch in der Nahrung vorhanden sein.

Die Zufuhr des Wassers wird in der Regel durch den Durst in richtiger Weise geregelt, so daß irgendwelche Vorschriften sich erübrigen. Wir wissen auch nichts davon, daß etwa die Verdauung oder irgendeine andere Ernährungsfunktion sich ändert je nachdem, ob vor dem Essen, zum Essen, nach dem Essen Wasser getrunken wird. Vorschriften, die darüber gegeben werden, entbehren jeder Begründung. Nur auf eines sei hingewiesen: Wenn dem Körper durch Schwitzen große Mengen Wasser entzogen werden, so ist das nicht nur unangenehm, sondern kann auch bei mangelnder Zufuhr dadurch bedenklich werden, daß die Verdauungssäfte dann nicht in genügender Menge abgesondert werden. Der Magensaft aber und der Bauchspeichel dienen nicht nur der Verdauung, sondern sie töten Bakterien ab, die mit der Nahrung verschluckt werden und Krankheiten hervorrufen können[1]. Die erhöhte Säuglingssterblichkeit in heißen Monaten hängt hiermit zusammen. Vgl. Kapitel VI.

Als Ersatz für die Salze des Körpers und zum Aufbau des Körpers müssen neben dem Verbrennbaren in der Nahrung anorganische Stoffe vorhanden sein. Sie bilden als Calciumphosphat das Skelett, außerdem muß jede Zelle bestimmte Salze aufweisen, und ebenso enthalten die Flüssigkeiten des Körpers, besonders das Blut, bestimmte Salze.

Die notwendigen Salze sind:

Kalium, Natrium, Calcium, Magnesium, Eisen, Kupfer, Zink, Mangan, Aluminium, Silizium.
Chlor, Phosphorsäure, Schwefelsäure, Fluor, Jod.

Es sind dieselben Stoffe, die in der Ackererde enthalten sind und die ihr daher neben dem Stickstoff bei der künstlichen Düngung zugeführt werden müssen. Dieselben Stoffe sind in allen Pflanzen und Tieren vorhanden. Da wir nun Teile von Pflanzen und Tieren essen oder Samen von Pflanzen oder Ei und Milch, aus denen ganze Pflanzen oder ganze Tiere erwachsen würden, so erhalten wir in der Nahrung die nötigen Salze ohnehin, und es braucht auf sie kein besonderer Wert gelegt zu werden. Die sog. Nähr- und Aufbausalze sind scharf abzulehnen. Besonders von einem Kalkmangel in der heutigen Ernährung ist nicht selten die Rede. Zahnkaries, mangelnde Stillfähigkeit der Frauen werden auf Kalkmangel zurückgeführt. Schwangere und stillende Frauen, die den Körper des Kindes aufbauen müssen, brauchen in der Tat beträchtliche Mengen Kalk. Nahezu aber alle unsere Nahrungsmittel enthalten etwas Kalk. Und Kuhmilch, selbst abgerahmte und verfälschte Kuhmilch und besonders Käse enthalten solche Mengen Kalk, daß ein Mangel praktisch nicht eintritt.

Eisen fehlt in der Milch, wenn es nicht etwa durch eiserne Geräte oder Kannen hereinkommt, und im Weißbrot fast ganz. Etwas mehr Eisen enthalten Spinat, Rüben und andere Gemüse, die deshalb bei Kindern nach dem Abstillen baldigst erforderlich sind. Eisenreich sind Fleisch, Fleischprodukte und Eier. Die früher einmal angenommene Bedeutung organisch gebundenen Eisens in Ei und Blut besteht nicht zu Recht, und alle Blutpräparate und ähnliche Präparate sind, außer in der Hand des Arztes, auf das schärfste abzulehnen.

Eine Sonderstellung nimmt das Chlornatrium ein, das gewöhnliche Kochsalz. Es ist im allgemeinen in der landesüblichen Nahrung genügend vorhanden, da Suppen, Eier, Kartoffeln und manches andere

---

[1] Borchardt, W.: Klin. Wochenschr. 1923, S. 791. — Kestner, O.: Dtsch. med. Wochenschr. 1928. September.

nur schmecken, wenn reichlich Salz hinzugesetzt wird. Auch zum Brotteig wird etwa 1% Salz hinzugesetzt. Doch können große Kochsalzmengen mit dem Schweiß verlorengehen, bei sportlicher Betätigung in der Hitze oder bei der Arbeit des Heizers bis zu 20 g am Tage, und dann muß für Ersatz gesorgt werden[1]. Das spielt eine Rolle z. B. bei Märschen, Radfahrten oder Wanderungen, zumal wenn sie über mehrere Tage dauern, besonders im heißen Klima (Tropen, Balkan)[1]. Aus dem Kochsalz bildet der Körper die Verdauungssäfte, die Salzsäure des Magens und das Natriumcarbonat des Bauchspeichels. Durch Salzmangel können sie beide ebenso versiegen wie bei Wassermangel, und bei Salzmangel in der Hitze besteht daher auch aus diesem Grunde erhöhte Gefahr der Infektion mit Ruhr, Typhus und verwandten Erkrankungen[2].

Von großer Bedeutung ist die Kochsalzzufuhr bei Tuberkulösen, die bei ihren starken regelmäßigen Nachtschweißen dauernd Kochsalz verlieren und es zuweilen nicht hinreichend ersetzen; denn es besteht häufig das ganz unbegründete Vorurteil, als sei eine „salzarme", „reizlose" Kost für Kranke geeigneter. Ist einmal Salzmangel eingetreten, so leidet die Ausscheidung der Verdauungssäfte und damit der Appetit. Auch der Wasser- und Eiweißansatz ist durch chronischen Salzmangel gestört[3].

Auf 100 g der Trockensubstanz kommen in Gramm[4]:

(nach steigendem Kalziumgehalt geordnet)

	K	Na	Ca	Mg	Fe	PO$_4$	Cl
Honig	0,66	0,00	0,005	0,02	0,001	0,12	0,05
Rindfleisch	1,38	0,24	0,021	0,09	0,017	2,45	0,28
Roggen	0,51	0,01	0,044	0,13	0,005	1,38	0,03
Roggenbrot							
60% Ausmahlung							0,15
82% „							0,1
96% „							0,14
96% Schrot							0,14
Weizen	0,51	0,04	0,046	0,14	0,006	1,26	—
Kartoffeln	1,89	0,08	0,071	0,11	0,006	0,86	0,13
Hühnereiweiß	1,19	1,08	0,093	0,08	0,000	0,27	1,32
Erbsen	0,94	0,02	0,098	0,13	0,006	1,33	—
Frauenmilch...........	0,48	0,13	0,173	0,03	0,003	0,47	0,32
Hühnereidotter	0,22	0,13	0,271	0,04	0,017	2,54	0,35
Kuhmilch	1,39	0,78	1,080	0,12	0,020	2,49	1,60

[1] Cohnheim, O.: Med. Klin. 1914, S. 1785.
[2] Kestner, O.: Münch. med. Wochenschr. 1918, S. 655.
[3] Wilbrand, E.: Beitr. z. Klin. d. Tuberkul. Bd. 51, S. 32. 1922.
[4] Berechnet nach G. v. Bunge: Der Kalk- und Eisengehalt unserer Nahrung. Zeitschr. f. Biol. Bd. 45, S. 532. 1904.

Auf 100 g frische Substanz berechnet sich nach Bunge[1] und Durig[2] in Milligramm:

	Ca	Fe		Ca	Fe
Rindfleisch ...	6	5	Reis	64	1—2
Weizen	40	5	Erbsen	85	6
Grahambrot ..	32	3,3	Erbsen(Konserven)[2]	32	—
Feines Weißbrot	22	1	Äpfel	7	0,3
Makkaroni[2] ..	14	—	Birnen	11	0,3
Roggen	38—44	4	Erdbeeren roh ...	87	1,2
Kuhmilch	106	0,3	Preißelbeeren (Kon-		
Trockenmilch[2]	872	—	serven)[2]	7	—
Frauenmilch...	22	0,3	Kohl	51	0,6—3,8
Eigelb	135	5—12	Spinat	—	2,6—3,1
Eiweiß........	13	0	Salat	—	1,4
Ei ohne Schale	55	1,7—4,1	Trauben	12	1
Butter[2]	16	—	Haselnüsse	—	4
Käse[2]	580—1330	—	Haselnußhaut	—	12
Kakao	85	2,4	Honig	4	1
Kartoffeln roh .	18	1,6	Marmelade (Mus)[2]	1—18	—

In ganz besonderer Weise sind die Salze der Milch an das Bedürfnis des menschlichen Säuglings angepaßt; infolgedessen werden sie sehr vollständig zum Aufbau der Gewebe verwendet und im Körper zurückgehalten.

Tobler[3] gibt auf Grund eigener Analysen folgende Tabelle:

Säugling 4000 g. 713 g Muttermilch.

	Einnahme	Ausgaben			Ansatz	
		Kot	Harn	im ganzen	g	%
K	0.28	0,05	0,09	0,14	0,14	50
Na	0,16	0,006	0,006	0,012	0,15	93
Ca	0,17	0,11	0,03	0,14	0,03	22
Mg	0,02		0,01			36
Cl	0,07	0,003	0,06	0,06	0,01	15
S	0,05	0,01	0,02	0,03	0,02	41
PO$_4$	0,14	0,02	0,04	0,06	0,08	56
Asche	1,14	0,4	0,49	0,89	0,25	22
Stickstoff	1,15	0,13	0,46	0,59	0,55	49

In anderen Versuchen ist der Ansatz besonders bei Stickstoff und Natrium nicht ganz so hoch. Wenn statt der Frauenmilch Kuhmilch gegeben wird, müssen erheblich mehr Eiweiß und Salze zugeführt werden, um den gleichen Ansatz zu erzielen; bei Mehl und anderer unphysiologischer Nahrung noch viel mehr.

---

[1] Berechnet nach G. v. Bunge: Der Kalk- und Eisengehalt unserer Nahrung. Zeitschr. f. Biol. Bd. 45, S. 532. 1904.

[2] Durig, A.: Denkschriften der Wiener Akademie. Bd. 86, I, S. 30. 1911.

[3] Tobler, L. u. F. Noll: Monatsschr. f. Kinderheilk. Bd. 9, S. 210. 1910.

V. Die Vitamine.

Ebenso wie in der Nahrung eines Menschen bestimmte Aminosäuren nicht fehlen dürfen, weil der menschliche Körper sie nicht
aufbauen kann, gibt es auch noch andere Stoffe, die in kleiner
Menge in der Nahrung vorhanden sein müssen, um Menschen oder
Tiere gesund zu erhalten. Man nennt sie Vitamine. Das völlige
Fehlen eines der Vitamine ist
mit dem Leben auf die Dauer
nicht verträglich. Ist die Menge
zu gering, so treten beim Fehlen
jedes der Vitamine bestimmte
Störungen auf. Kinder, zumal
kleine Kinder, sind gegen Vitaminmangel empfindlicher als
Erwachsene, bei Kindern und
jungen Tieren wird vor allem
das Wachstum durch Vitaminmangel zurückgehalten.

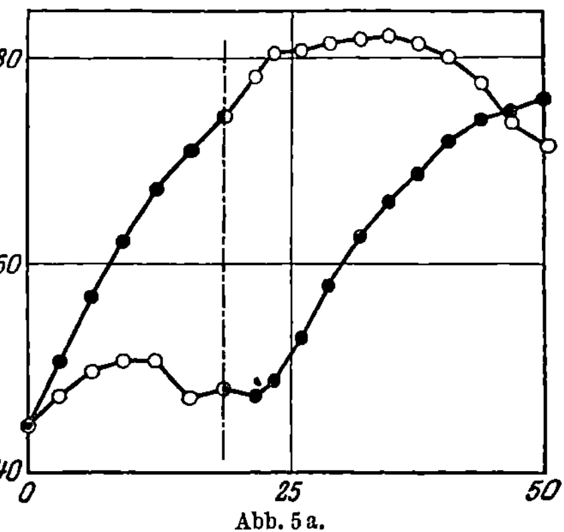

Abb. 5 a.

Nur das eine dieser Vitamine
ist chemisch einigermaßen auf-
geklärt. Aber auch dieses ist in zu geringer Menge vorhanden, als
daß ein chemischer Nachweis in Frage käme. Der Nachweis der
Vitamine erfolgt vielmehr immer im Tierversuch. Seit den Untersuchungen von Osborne und Mendel benutzt man gewöhnlich
junge Ratten, die man mit einer vitaminfreien Nahrung oder mit
einer Nahrung ernährt, der ein Vitamin fehlt, und setzt dann den
betreffenden Stoff, dessen Vitamingehalt man sucht, der Nahrung
hinzu. Wachsen und gedeihen die Tiere, so ent-
hält der Stoff das Vitamin, im anderen Falle
bleiben die Tiere im Wachstum zurück und erkranken. Als ein Beispiel dienen die Abbildungen 5 a und b.

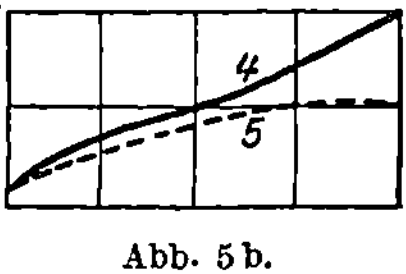

Abb. 5 b.

In der Abbildung 5 a zeigt die starke Kurve die Gewichtszunahme
junger Ratten bei vitaminhaltiger Nahrung, die dünne das Verhalten
ihres Gewichtes, wenn die Nahrung sonst ganz dieselbe ist und ihr
nur eins der Vitamine entzogen ist. Bei Hinzufügung der Vitamine fängt
das unterbrochene Wachstum, wie die zweite Kurve zeigt, sofort wieder
an, und Ratten können noch zu einer Zeit ihre Körpergröße wieder
einholen, in der sie sonst schon längst nicht mehr wachsen. Ob das für
den Menschen auch gilt, ist allerdings nicht bewiesen. Beeinflußt wird bei
dem Fehlen der Vitamine die Körpergröße. Der Fettgehalt, d. h. der
Ernährungszustand, kann bei vitaminarmer aber sonst genügender
Nahrung gut sein.

Ernährt man eine säugende Rattenmutter vitaminfrei, so nehmen die Jungen langsamer zu als die Jungen von normal genährten Müttern. In Abbildung 5b zeigt die obere Kurve die Jungen der normal genährten und die untere Kurve die Jungen der vitaminfrei ernährten Mutter. Der Unterschied ist anfangs verschwindend, d. h. die Jungen trinken ihrer Mutter die Vitamine weg, und die Mutter geht schließlich zugrunde. Es ist dasselbe Verhältnis, das sich bei der Größe der neugeborenen Kinder im Kriege zeigte. Die Kinder wurden mit unverändertem Gewicht geboren, nur die Mütter kamen herunter. In der Legende ernährt der Pelikan seine Jungen mit seinem eigenen Blute, und man sieht den Pelikan als Symbol der Mutterliebe in mittelalterlichen Kirchen. Auch die obige Kurve könnte ein solches Symbol der Mutterliebe sein.

Über Vitamine wird seit 10 Jahren in allen Ländern sehr viel gearbeitet, und doch sind über eine Reihe von Punkten die verschiedenen Forscher noch verschiedener Meinung. Vor allem ist die Zahl der Vitamine strittig. Sicher erscheint, daß man drei Vitamine unterscheiden muß. Viele Forscher glauben aber, das eine oder andere der Vitamine noch unterteilen zu müssen, so daß auch von vier oder fünf verschiedenen Vitaminen die Rede ist. Vor allem werden bisweilen die Wachstumsvitamine von den Vitaminen abgetrennt, deren Fehlen Krankheiten hervorrufen. Diese Annahmen erscheinen einstweilen nicht sicher genug, um sie hier aufzunehmen.

Mit Sicherheit kann man heute unterscheiden:

1. das antiskorbutische Vitamin, früher gewöhnlich Vitamin A,
2. das antineuritische Vitamin, meißt Vitamin B,
3. das antirachitische Vitamin, häufig Vitamin D genannt.

Die Hauptschwierigkeit jeder Vitamineinteilung ist, daß die Stoffe an sich unbekannt sind und nur durch ihre Wirkung auf lebende Tiere erkannt werden können. Eine weitere Schwierigkeit besteht darin, daß die Folgen des Vitaminmangels bei den einzelnen Tierarten verschieden sind. Mangel mehrerer Vitamine kann auch gemischte Störungen hervorrufen.

Das antineuritische Vitamin ist wasserlöslich, die beiden anderen Vitamine lösen sich dagegen in Fetten oder in solchen Lösungsmitteln, die Fett auflösen, und können den Nahrungsmitteln daher durch Ausziehen mit Alkohol, Äther und solchen Stoffen entzogen werden.

Das antineuritische Vitamin (Vitamin B, wasserlösliches Vitamin).

Es ist in der Natur weit verbreitet, es findet sich in der Milch, auch in Molke und Magermilch, auch im Käse, es findet sich in Fleisch und Fischfleisch; besonders reich sind Leber, Milz und Kalbsbries (Thymus). Auch im Fleischextrakt ist es reichlich vorhanden, fehlt dagegen in Büchsenkonserven. Reichlich ist es im Gelben der

Hühnereier vorhanden, auch in getrocknetem Eigelb. Kohl und die meisten anderen Gemüse, Erbsen, Bohnen, Nüsse, Äpfel, Birnen, Pflaumen enthalten es. In den Körnern der Getreidearten und in Reiskörnern ist es im Keim enthalten, der bei der üblichen Vermahlung bei der Kleie bleibt und nicht bei dem Mehlkern. Infolgedessen enthält ungeschälter Reis das antineuritische Vitamin, geschälter nicht. Kleiehaltiges Mehl enthält es, weißes, feines Mehl aber nicht. Besonders reich an dem antineuritischen Vitamin ist die Hefe, die es beim Wachsen zu bilden vermag. Infolgedessen enthält jedes mit Hefe oder Sauerteig hergestelltes Brot dies Vitamin in genügender Menge, und bei brotessenden Völkern ist ein Mangel an diesem Vitamin ausgeschlossen. Für die Fragen der praktischen Ernährung spielt das antineuritische Vitamin bei uns gar keine Rolle. Würde beim Backen des Brotes in größerem Umfange Backpulver statt der Hefe verwendet, so könnte das einmal anders werden.

Wenn das Vitamin fehlt, so entsteht beim Menschen und bei manchen Tieren eine eigenartige Erkrankung der Nerven (Neuritis). In Asien heißt sie Beri-Beri und tritt bei den reisessenden Asiaten verheerend auf. Bei uns trat eine entsprechende Erkrankung früher gelegentlich auf Segelschiffen auf, auf denen Schiffszwieback statt Brot gegessen wurde. Ein Fehlen dieses antineuritischen Vitamins ist umso weniger möglich, als es selbst langes Kochen verträgt und nur durch Erhitzung unter Druck (Büchsenkonserven) zerstört wird. Nach japanischen Erfahrungen geht das Vitamin dem Reis verloren, wenn er längere Zeit lagert, besonders wenn er naß oder sonst schlecht gehalten wird.

Das antirachitische Vitamin (Vitamin D).

Es entsteht, wenn das sog. Ergosterin, ein Verwandter des in allen pflanzlichen und tierischen Geweben vorkommenden Cholesterins, durch die sog. Ra-Strahlen getroffen wird, die kurzwelligsten ultravioletten Strahlen, die im Sonnenspektrum vorhanden sind. Fehlt das bestrahlte Ergosterin in der Nahrung, so erkranken Säuglinge und kleine Kinder an Rachitis. An einer entsprechenden Störung erkranken junge Ratten, wenn sie ohne dieses Vitamin und außerdem fettarm ernährt werden. Beim menschlichen Kleinkinde sind die beiden letzten Bedingungen nicht erforderlich.

Von Stoffen, die in der Natur vorkommen, enthalten antirachitisches Vitamin:

1. Hühnereier, falls die Hühner in der Zeit der Eireife im Freien gewesen sind. Da das in der Regel der Fall ist, gehört Eigelb zu den ergiebigsten Quellen dieses Vitamins. Rattenversuche über das anti-

rachitische Vitamin sind unmöglich, wenn das Muttertier während der Trächtigkeit und des Saugens mit Gelbei gefüttert wird.

2. Milch, aber nur dann, wenn die Kühe von den Sonnenstrahlen getroffen werden oder wenn sie besonntes Heu fressen. Milch von Kühen, die im Stall stehen und kein besonnt gewesenes Heu zu fressen bekommen, ist arm an diesem Vitamin.

3. Das Fett des Dorsches, daher auch der aus der Dorschleber gewonnene Lebertran. Der Dorsch wird im hohen Norden gefangen, wo die Sonne reicher an Ra-Strahlen ist als bei uns. Das Vitamin wird aber nicht von dem Dorsch gebildet, sondern von ihm mit der Nahrung aufgenommen. Es dürfte in dem pflanzlichen Oberflächen-Plankton der nördlichen Meere entstehen und aus ihm auf dem Umwege über mindestens zwei Tierarten in den Dorsch übergehen.

Da das Ergosterin künstlich gewonnen und durch Bestrahlung mit künstlichem Licht aktiviert, d. h. in das Vitamin umgewandelt werden kann, so ist es möglich, das Vitamin der Säuglingsmilch zuzusetzen. Auch ist es möglich, die Kuhmilch durch Bestrahlen mit künstlichen Lichtquellen vitaminreich zu machen. Ebenso kann das Vitamin der Margarine zugesetzt werden.

Ergosterin ist entweder in der Haut oder in dem durch die Haargefäße der Haut strömendem Blute vorhanden, und das antirachitische Vitamin entsteht daher auch, wenn der Mensch seine Haut der Sonne aussetzt. Die Ra-Strahlen dringen aber nicht durch Fensterglas und fehlen in den gebräuchlichen künstlichen Lichtquellen. Auch werden sie von der Dunstschicht über einer Stadt zum erheblichen Teile verschluckt. Bei uns ist die Sonne auch bei klarer Luft erst in einer Höhe von mehr als 30^0 über dem Horizont reich an Ra-Strahlen. Die Rachitis ist daher eine Winterkrankheit und eine Krankheit sonnenloser Wohnungen und Straßen.

Die Ra-Strahlen haben auch noch andere günstige Wirkungen auf den menschlichen Organismus. Ob diese aber auch über das antirachitische Vitamin gehen, wissen wir nicht, und ebenso ist nichts davon bekannt, daß größere Kinder und Erwachsene das antirachitische Vitamin brauchen.

Das antiskorbutische Vitamin (Vitamin A oder C).

Dieses Vitamin ist, außer bei kleinen Kindern, praktisch das wichtigste von den Vitaminen. Fehlt es in der Nahrung oder ist der Gehalt zu gering, so erkranken Kinder und Erwachsene an Skorbut, Kinder und junge Tiere wachsen schlechter, und die Abwehrkräfte des Körpers gegen Krankheiten werden vermindert[1]. Ferner vermindert sich die Fähigkeit der Dunkelanpassung des menschlichen Auges, und bei Ratten treten Erkrankungen der Hornhaut des Auges

---

[1] R. Bieling, Deutsche med. Wochenschr. 1927, S. 182.

auf. Für diese Hornhauterkrankung hat man das Fehlen eines besonderen Vitamins, des antixerophthalmischen Vitamins, verantwortlich gemacht, und ebenso hat man die antiskorbutische Wirkung und die Wachstumswirkung zwei verschiedenen Vitaminen zugeschrieben. Hierauf beruht der Wechsel in der Bezeichnung der Vitamine.

Das antiskorbutische Vitamin kommt vor:
im Fett der Milch, daher in Vollmilch, aber nicht in Magermilch und Molke, besonders reichlich in Rahm und Butter,
auch fetter Käse enthält es,
Lebertran (sehr reichlich),
Fett und fettem Fleisch von Rindern und Schafen,
fetten Fischen, z. B. im Dorsch,
Nußbutter, nicht aber im Kokosfett und Leinöl,
Niere und Leber reichlich, Kalbsbries und Gehirn weniger reichlich,
Eigelb sehr reichlich, auch im getrockneten Eigelb,
allen frischen Blättern, daher in Salat, Spinat, Kohl,
Zwiebeln und Tomaten (sehr reichlich),
Zitronen (verschieden reichlich),
Apfelsinen (reichlich),
Äpfeln, Birnen, Bananen (in geringer Menge),
Nüssen (reichlich),
ungekeimten Kartoffeln,
Weizen-, Roggen-, Reis-Keimen (reichlich),
Weizen-, Roggen-, Reis-Kleie, (wenig reichlich).
Das antiskorbutische Vitamin fehlt in:
Pflanzenfetten und Ölen,
Schweineschmalz und Schweinespeck,
magerem Fleisch,
mageren Fischen,
Fleischextrakt,
getrockneten Erbsen und Erbsenmehl,
gekeimten Kartoffeln,
Honig und Kunsthonig,
alkoholischen Getränken,
Kaffee, Tee und Kakao.

Das antiskorbutische Vitamin entsteht in der grünen Pflanze, und wird, wenn Tiere Gras und Blätter fressen, in deren Fett gespeichert.

Neben der Milch, den Eiern und grünen Blättern sind besonders reich an dem antiskorbutischen Vitamin Apfelsinen und manche Zitronen. Es ist sehr interessant, aus alten Seefahrergeschichten heute nachträglich die Bedeutung des Vitamingehaltes für die Verhütung des Skorbuts festzustellen oder im einzelnen zu verfolgen, wie im Weltkriege, zumal auf den orientalischen Kriegsschauplätzen, das Auftreten des Skorbuts bei uns und auf der feindlichen Seite immer bis in alle Einzelheiten auf den Mangel an Vitamin A zurückgeführt werden kann. Aus Rüben, die roh sonst für die menschliche Ernährung nicht geeignet sind, gewinnt man neuerdings ein Vitaminpräparat, desgleichen auch aus anderen Pflanzen (Karotten). Keimende Kartoffeln enthalten das Vitamin A nur noch in den Keimen, die man ja beseitigt. Von der Zeit an, in der die Kartoffeln keimen, d. h. in der zweiten Hälfte des Winters, wird die Nahrung der Städter, zumal auch Obst und Salat dann selten werden, äußerst vitaminarm. Nach alter ärztlicher Erfahrung soll man Kindern von Anfang Februar an Lebertran geben, der besonders reich an den Vitaminen ist.

Im ganzen ist die Nahrung der Südländer, Orientalen, Asiaten und vieler Afrikaner durch ihren Reichtum an Früchten und anderen Pflanzenteilen immer vitaminreich gewesen, ebenso die der wohlhabenden Klassen in Europa durch ihren Gehalt an Fett, an fettem Rindfleisch, an Butter und Eiern. Die ärmere Bevölkerung in Deutschland und im übrigen nördlichen Europa hat dagegen vitaminknapp gelebt. Die erste Generation der Städter nach Beginn der Industrieentwicklung hat besonders vitaminarm gelebt. Der Übergang vom alten Vollkornbrot zu dem vitaminarmen Weißbrot hat die Ernährung nach dieser Richtung noch verschlechtert. Schweinefleisch ist vitaminfrei, mageres Rindfleisch vitaminarm. Frische Gemüse und vor allem Salate sind in den Städten immer ungenügend zu haben gewesen. Im Laufe der letzten Jahrzehnte vor dem Kriege war hierin erfreulicherweise eine günstige Wendung durch die gewaltige Zunahme der Erzeugung von Milch und Milchprodukten eingetreten. Milch, Rahm, Butter sind damit entscheidend dafür, ob eine städtische Bevölkerung gut oder schlecht ernährt ist.

Während das Vitamin B Kochen und selbst den Backprozeß verträgt, wird das antiskorbutische Vitamin durch Hitze zerstört. Jedes Kochen unter Druck vernichtet es völlig, so daß a l l e K o n s e r v e n a l s v i t a m i n f r e i angesehen werden müssen.

Junge weiche Gemüse bewahren bei küchenüblicher Zubereitung einen gewissen Vitamingehalt, ältere, härtere müssen länger gekocht werden und sind daher weniger günstig.

Die leichte Zerstörbarkeit des antiskorbutischen Vitamins durch Kochen gibt aller R o h k o s t Bedeutung. Freilich kommt für den Genuß von unzubereiteter Nahrung immer nur ein verhältnismäßig kleiner Teil unserer Nahrung in Frage. Die Milch ist ein so guter Nährboden für Krankheitskeime, daß man sich im allgemeinen schwer dazu entschließen wird, sie ungekocht zu genießen. Sie läßt sich freilich durch ungewöhnliche Reinlichkeit bei der Gewinnung und dem Transporte recht keimarm gewinnen. An manchen Orten kommt solche Milch als Säuglingsmilch in den Handel, ist dann freilich durch die schwierigere

Gewinnung erheblich verteuert. Sonst muß man zwischen der Notwendigkeit der Keimabtötung und zwischen dem Wunsch, das antiskorbutische Vitamin zu erhalten, hindurchkreuzen und die Milch kurz aufkochen. Dadurch wird nur wenig Vitamin zerstört und die Milch wird zwar nicht keimfrei, aber die für den Menschen gefährlicheren Krankheitserreger werden abgetötet.

Auch bei Fleisch ist die Gefahr einer Wurmübertragung und die Gefahr bakterieller Infektion zweifellos viel größer als der Nutzen der Vitamine sein könnte. Außerdem spricht schon der Wohlgeschmack für die Zubereitung. Rohe Kartoffeln schmecken schlecht und sind äußerst schlecht verdaulich. Ebenso sind Ausnutzung und Verdaulichkeit des unzubereiteten Getreidekorns ganz schlecht, für Erbsen und viele Gemüse kommt der Rohgenuß nicht in Frage. Die wenigen Stoffe, die wir roh genießen können, Obst und Salat, spielen infolgedessen eine wichtige Rolle. Die Verhältnisse bei den großen Pflanzenfressern, die grundsätzlich anders liegen, dürfen nicht herangezogen werden. Man muß nur den Verbrauch an Obst und Salat in anderen Ländern sehen, um sich klar zu werden, daß der Verbrauch in Deutschland noch gewaltig steigen muß. Neben den üblichen sind noch eine Menge anderer Blätter als Salat zu brauchen, und gerade hier kann die Kochkunst Triumphe feiern. Freilich werden Salat, Gemüse und Obst in der Regel im Kleinbetrieb erzeugt und immer im Kleinhandel verkauft. Es herrschten schon in den Überflußzeiten des Friedens im Obst- und Gemüsehandel „anarchische Zustände", die sich heute noch verschlimmert haben. Wenn reiche Obsternten wegen der Pflück- und Frachtkosten auf dem Baum verfault sind, so war das ein unwürdiger Zustand für ein mangelhaft ernährtes Volk. Vielfach wird auch in der Bevölkerung der Genuß von Obst und Salat als ein Luxus angesehen, den man bei hohen Preisen einschränken dürfe. Diese Auffassung ist grundfalsch!

Margarine war früher vitaminfrei, heute wird manchen Margarinesorten das antiskorbutische Vitamin zugesetzt, und ebenso wird aus Rüben und anderen Pflanzenteilen, die sonst nicht zur menschlichen Ernährung dienen, das antiskorbutische Vitamin gewonnen, um der Nahrung zugesetzt zu werden.

Das antiskorbutische Vitamin ist ein Wachstumsstoff. Genau so gut führt der Mangel an biologisch hochwertigem Eiweiß (S. 25) zu einer Einschränkung des Wachstums. Es beruht hierauf, daß die Europäer im letzten Jahrhundert durchschnittlich an Größe erheblich zugenommen haben. Es beruht auf ihrer reichlichen Vitaminzufuhr, daß die Schüler der höheren Schulen oftmals größer sind als die der Volksschulen, daß Einjährig-Freiwillige größer waren als die gleichaltrigen städtischen Arbeiter, aber nicht größer als die Bauern.

Es ist eine alte Erfahrung, daß unterernährte Menschen anfälliger gegen Krankheiten sind, und daß alle Heilungsvorgänge bei ihnen schlechter verlaufen als bei gut ernährten. Bieling[1] hat in sorgfältigen Tierversuchen gezeigt, daß beim Mangel des antiskorbutischen Vitamins, aber auch bei Eiweißunterernährung, die Empfindlichkeit des Körpers gegen Gifte zu- und die Bildung der Antikörper abnimmt.

VI. Die Einwirkung der Nahrung auf die Verdauungsorgane.

Bis vor kurzem wurde die Nahrung des Menschen nur nach ihrem Gehalt an Eiweiß, Kalorien und Vitaminen beurteilt, und nur ganz nebenher wurden Bekömmlichkeit und Verträglichkeit als etwas wenig Sicheres erwähnt. Diese Betrachtungsweise ist einseitig; denn der Mensch ißt nicht, um sich Eiweiß, Kalorien und Vitamine zuzuführen, sondern er ißt, um satt zu werden und weil es ihm schmeckt. Auch der Arzt kümmert sich bei der Mehrzahl seiner Diätvorschriften viel weniger um den Nährwert als darum, wie die Nahrung auf die Verdauungsorgane des Kranken wirkt, und ob der Kranke satt wird. Die Verdauungsorgane werden von dem vegetativen Nervensystem versorgt und sind damit der unmittelbaren Einwirkung des Willens entzogen. Auch haben wir von dem, was in ihnen geschieht, keine deutliche Kenntnis durch Sinnesempfindungen. Aber andererseits entstehen durch das vegetative Nervensystem eine Menge Verknüpfungen zwischen den Verdauungsorganen und zwischen unserem bewußten Seelenleben. Auswahl der Speisen und Nahrungsaufnahme bestimmen sich durch den Appetit, während Wärmewert, Eiweiß- und Vitamingehalt erst nachträglich von der Wissenschaft gefunden sind und nur bei Zwangswirtschaft oder auf dem langsamen Wege der Aufklärung Bedeutung gewinnen können.

Die verschluckte und von Speichel durchtränkte Nahrung kommt zuerst in den Magen. Der Magensaft ergießt sich auf sie, und sie wird durch den Druck der muskulösen Magenwände und durch die Bewegungen des Magenausganges allmählich in den Dünndarm weitergeschoben. Der Magen ist also ein Vorratsraum, in dem die Nahrung eine gewisse Zeit liegenbleibt, und der es ermöglicht, in kurzer Zeit Mahlzeiten aufzunehmen und diese dann in Stunden zu verdauen. Der Magensaft verwandelt durch Pepsin und Salzsäure die Eiweißkörper in Pepton. Dadurch und durch den Speichel, der im Magen weiter wirkt, wird der größte Teil der Nahrung schon im Magen verflüssigt oder wenigstens in einen ganz dünnen Brei verwandelt. Außerdem tötet die Salzsäure des Magensaftes mitverschluckte Bakterien ab oder hemmt sie in ihrer Entwicklung. Sie würden bei dem stunden-

---

[1] R. Bieling: Dtsch. med. Wochenschr. 1927, S. 182.

langen Aufenthalt in dem feuchten Speisebrei bei Körpertemperatur sonst üppig wuchern.

Die Magensaftabsonderung wird hervorgerufen:

1. durch den Appetit oder den Wohlgeschmack, d. h. durch die Einwirkung der Nahrung auf Geschmacks- und Geruchsorgane, unter Umständen auch schon durch Einwirkungen auf Auge und Ohr oder durch psychische Vorstellungen;

2. durch bestimmte, chemisch noch unbekannte Stoffe, die in manchen Nahrungsmitteln vorhanden sind.

Die Magenbewegungen werden ebenfalls durch den Appetit hervorgerufen und durch Ekel, Schmerz, Unlust gehemmt. Alles, was den Wohlgeschmack der Nahrung verbessert, verbessert also auch ihre Verdaulichkeit. Wenn jemand müde von der Arbeit nach Hause kommt und ein gut schmeckendes Essen haben will, so handelt er nicht aus Genußsucht und Begehrlichkeit, sondern sein Wunsch ist physiologisch begründet. Dazu gehört außer dem Kochen selbst geschmackvolles, sauberes Anrichten und vor allem Fernhalten aller Störungen. Das Wort „Hunger ist der beste Koch" gilt nur für den Kräftigen, Gesunden, aber nicht für viele Kranke, nicht für Elende und Überarbeitete und vor allem nicht für mangelhaft ernährte Kinder. Hier kann Berücksichtigung des Wohlgeschmacks und Fernhalten störender Reize und Hemmungen ebenso wertvoll sein wie die Güte der Speise. Eine sorgfältig ausgedachte Diätkur, die der Arzt dem Appetitlosen verordnet, kann wirkungslos werden, wenn das Pflegepersonal sie auf schmutzigem Tischtuche und unordentlich ohne Liebe herrichtet. Jeder Lehrer kennt die Schulkinder, die morgens in Hetze und Angst ihr Frühstück herunterschlingen. Unverdaut liegt es ihnen lange im Magen und stört während der ersten Stunden Lernen und Aufmerksamkeit. Manche chronische Ernährungsstörung läßt sich vermeiden, wenn auf ruhiges Frühstück geachtet wird.

Aber der Appetit wirkt noch weiter. In den Anfangsteil des Dünndarms ergießen sich der Bauchspeichel und die Galle, in die ganze Länge des Dünndarms der Darmsaft. Bauchspeichel und Darmsaft enthalten Fermente, die sich genau an die Wirkung der Magen- und Speichelfermente anschließen und sie vollenden. Die Galle ist zur Fettverdauung nötig. Bauchspeichel ergießt sich, wenn die Salzsäure des Magens oder die aus den Fetten bei der Verdauung entstandene Seife in den Dünndarm kommen. Galle ergießt sich, wenn das im Magen gebildete Pepton in den Dünndarm gelangt, Darmsaft unter der Einwirkung der Magensaftsäure. Die Bewegungen des Dünndarms schließen sich teils unmittelbar an die des Magens an, so daß auch der Schließmuskel zwischen dem Dünndarm und Dickdarm nur dann richtig arbeitet, wenn der Magen sich vorher bewegt[1]. Zum anderen

---

[1] Hannes, B.: Münch. med. Wochenschr. 1920, S. 745.

Teil werden die Darmbewegungen durch einen Stoff hervorgerufen, der von dem Dünndarm erzeugt wird, dem Cholin.

Die gesamte Arbeit der Verdauungsorgane wird also durch die Absonderung des Magensaftes und die darin enthaltene Salzsäure gewissermaßen angekurbelt. Darum ist alles so wichtig, was Magensaft fließen läßt. Von dem Appetit war schon die Rede; den anderen Reiz bilden bestimmte chemische Stoffe. Sie sind in reichlicher Menge im Fleisch enthalten, und zwar in dem Teil des Fleisches, der sich im Wasser löst, wenn man Fleisch kocht, d. h. in der Fleischbrühe oder im Fleischextrakt. Hierauf beruht die Wirkung der Fleischbrühe in der Krankenernährung. Sie enthält kaum Nährstoffe, aber sie läßt auch bei einem völlig appetitlosen Kranken Magensaft strömen und ersetzt dadurch den Appetit.

Weiterhin entstehen die chemischen Stoffe, die den Magensaft strömen lassen, wenn man Nahrungsmittel röstet; infolgedessen sind sie in der Kruste des Brotes vorhanden. Geröstetes Brot läßt mehr Magensaft strömen als anderes Brot. Brot, das in Form von Rundstücken gebacken wird, läßt mehr Magensaft strömen und wird infolgedessen besser ausgenutzt als Brot aus dem gleichen Teig, der zu einem großen Laib ausgebacken wird.

Es wurden abgesondert Kubikzentimeter Magensaft[1]:

Nach Einführung von	Versuch I	Versuch II			Versuch III	
Wasser	61	23	6	16	58	51
Brotkrume	74	21	7	6	42	52
geröstetem Brot	161	46	45	34	138	106

Auch die Ausnützung wird durch Röstprodukte verbessert.

Es gingen mit dem Kot verloren nach Einführung von:

Roggenmehl (94% Ausmahlung) als Brotlaib	61% N
Roggenmehl (94% Ausmahlung) als Rundstücke	49% N
Weizenmehl als Brotlaib	11—15% N
Weizenmehl als Rundstücke	7— 9% N

Kakao und Kaffee, die beide geröstet werden, lassen reichlich Magensaft fließen[2], und die Möglichkeit, aus Gerste und anderem Korn überhaupt Kaffee-Ersatz zu machen, beruht darauf, daß man sie auch rösten kann. Geröstete Kartoffeln werden gründlicher verdaut als gekochte[3], Braten besser als gekochtes Fleisch. Am Ende des Dünndarms erschienen von 190 g Kartoffelbrei 110 g schon nach einer halben Stunde, von 250 g und 300 g Bratkartoffeln und von 300 g Kartoffelpuffer überhaupt nichts[3].

Die Absonderung des Magensaftes wird endlich durch die Genußmittel vermehrt, die man der Nahrung zusetzt. Sie wirken z. T. durch

---

[1] Kestner, O.: Münch. med. Wochenschr. 1922, S. 1429.
[2] Kestner, O. u. B. Warburg: Klin. Wochenschr. 1923, S. 1791.
[3] Best, F.: Dtsch. Arch. f. klin. Med. Bd. 104, S. 105. 1911.

den Wohlgeschmack, z. T. aber auch unmittelbar auf den Magen. Die gleiche Menge von Fleisch[1] verweilte ohne Zusatz 150 Min., mit rohen Zwiebeln 210 Min., nach Verabreichung von rohen Zwiebeln 330 Min. im Magen. Die Konzentration der Säure im Magensaft stieg um mehr als die Hälfte. Wenn wir uns die Frage vorlegen: Welche Völker essen am meisten starke Gewürze, rohe Zwiebeln und Knoblauch, so kommen wir zu dem Resultat, daß gerade die unsaubersten es tun. Je weiter man nach dem Süden und Osten kommt, desto stärker wird die Nahrung gewürzt. Die Völker, die von Natur aus sauber sind und bei welchen die staatliche Hygiene mehr in Blüte steht, genießen Zwiebeln seltener und meist im gekochten oder gebratenen Zustand. Mancher, der zum erstenmal auf den Balkan oder in den Orient kam, hat sich die Frage vorgelegt, wie es möglich sei, daß die Menschen nicht noch viel mehr unter Seuchen leiden; sie schützen sich durch die starken Gewürze. Der reichlich strömende Magensaft tötet die verschluckten Bakterien ab.

Die Absonderung des Magensaftes hat aber noch eine andere mächtige Wirkung auf den Körper. Sie entzieht dem Blute Säure und verschiebt dadurch die Reaktion des Blutes nach der alkalischen Seite[2]. Das aber spüren wir als ein Gefühl von Erfrischung, denn bei der Muskelarbeit entstehen Milchsäure und Phosphorsäure, bei der Gehirntätigkeit desgleichen, und der Säuregrad des Blutes und der Gewebe hat mit dem Ermüdungsgefühl zu tun. So wirkt die Nahrungsaufnahme erfrischend. Jedes Essen und jedes Genußmittel hat diese Wirkung. Aber für die verschiedenen Arten der menschlichen Tätigkeit ergeben sich noch Unterschiede. Bei körperlicher Arbeit ist jede Nahrung gut und wünschenswert, die gut schmeckt. Sie erfrischt und erhöht die Arbeitsfähigkeit. Das haben die Sportsleute längst praktisch erprobt, wenn sie bei großen Anstrengungen Zucker, Brot oder Schokolade zu sich genommen haben. Anders ist es bei der Gehirntätigkeit. Auch hierbei muß Magensaft abgesondert werden, um der Ermüdung entgegenzuwirken, aber die Tätigkeit des Gehirns erfordert ja keine Kalorien (s. oben S. 14), infolgedessen muß ein Nahrungsmittel gegeben werden, das viel Magensaft strömen läßt, aber wenig Kalorien enthält. Diesen Anspruch erfüllt am meisten das Fleisch, und wir haben hier einen weiteren Grund zu dem oben angeführten, weshalb der geistige Arbeiter besonders fleischreich leben muß[3].

Bei der Tätigkeit des Magens und der übrigen Verdauungsorgane kommt es darauf an, daß im Magen saure Reaktion herrscht, und

[1] Wilbrand, E.: Münch. med. Wochenschr. 1920, S. 1174.

[2] Kestner, O. und O. Schlüns: Zeitschr. f. Biol. Bd. 77, S. 163. 1922; Kestner, O. und H. W. Knipping: Klin. Wochenschr. 1922, S. 1354; Kestner, O. u. R. Plaut: Pflügers Archiv, Bd. 205, S. 43. 1924.

[3] Kestner, O. und O. Schlüns: Zeitschr. f. Biol. Bd. 77, S. 103. 1922. — Kestner, O. und H. W. Knipping: Klin. Wochenschr. 1922, S. 1354, und Knipping, H. W.: Zeitschr. f. Biol. Bd. 77, S. 167. 1922.

normalerweise wird die saure Reaktion durch die Salzsäure bewirkt, welche der Magen selbst absondert. Sie kann aber auch durch andere Säuren ersetzt werden[1]. In Betracht kommt hier vor allem die Milchsäure, die beim Sauerwerden der Milch aus dem Milchzucker entsteht[2]. Ist reichlich Salzsäure im Magen vorhanden, so werden frische Milch und sauer gewordene Milch in gleicher Weise verdaut (Abb. 6). Fehlt aber die Salzsäure im Magen bei kranken Kindern oder

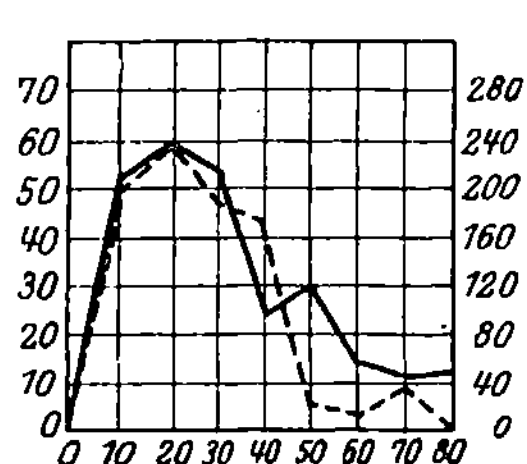

Abb. 6. Magenentleerung bei gesundem Magen bei Zufuhr von Vollmilch und von saurer Milch. Abszisse = Zeit in Minuten; Ordinat = entleerter Mageninhalt in ccm; ausgezogene Kurve: Vollmilch; gestrichelte Kurve: Saure Milch.

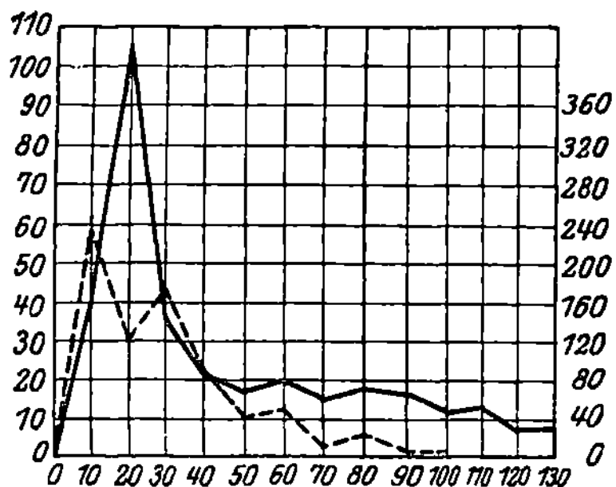

Abb. 7. Magententleerung bei gestörter Magensaftabsonderung bei Zufuhr von Vollmilch und von saurer Milch. Vgl. Abb. 6.

bei Kindern, die durch den Schweiß Wasser und Salz verloren haben (s. S. 39), so besteht ein Unterschied (Abb. 7). Frische Milch stürzt förmlich aus dem Magen heraus, saure Milch (holländische Anfangsnahrung) verläßt ihn nicht schneller als normal. Auch die Wirkung des Joghurts in Bulgarien und anderer saurer Milch, die in der heißen Jahreszeit als Getränk sehr nützlich sein kann, beruht auf diesem Zusammenhang[2].

VII. Der Sättigungswert der Nahrung.

Eine ganz besondere Bedeutung hat die Tätigkeit des Magens noch dadurch, daß sie in enger Beziehung zu den Allgemeinempfindungen Hunger und Sättigung steht. Solange die Magensaftabsonderung andauert, fühlen wir unsern Magen nicht, er ist für unser Bewußtsein nicht vorhanden. Anders, wenn der Magen leer ist und keine Salzsäure abgesondert wird. Wir wissen aus den Untersuchungen von Pawlow und Cannon, daß die Verdauungsorgane, wenn sie leer sind, von Zeit zu Zeit in eine periodische Leertätigkeit geraten — das Antrum pylori (Pförtnerteil) bewegt sich, Bauchspeichel, Darmsaft und Galle werden abgesondert — und daß das Hungergefühl mit dieser

---

[1] Perger, H.: Münch. med. Wochenschr. 1920, S. 1467.
[2] Zahn, K.: Jahrb. f. Kinderheilk. Bd. 96, S. 259. 1921.

Leertätigkeit verknüpft ist. Füllung des Magens allein gibt kein Sättigungsgefühl. Entscheidend für das Auftreten periodischer Leertätigkeit ist das Fehlen saurer Reaktion im Magen. Das lästige Gefühl des Hungers hat der Mensch von jeher zu vermeiden gesucht, und so wird seine praktische Nahrungsaufnahme im wesentlichen dadurch bestimmt, wieviel von einer Nahrung nötig ist und was für Nahrung nötig ist, um keinen Hunger auftreten zu lassen. Man nennt den Sättigungswert[1] einer Nahrung die Zeit, während welcher sie die Verdauungsorgane in Anspruch nimmt. Der Sättigungswert ordnet die menschlichen Nahrungsmittel in ganz anderer Weise als die bisher besprochenen Eigenschaften. In der folgenden Tabelle sind die Menge Verdauungssekrete und die Verweildauer für eine Reihe genau untersuchter Nahrungsmittel zusammengestellt.

Die Zahlen für die Mengen der Verdauungssäfte sind, da man sie am Menschen nicht bestimmen kann, in Hundeversuchen gewonnen. Doch sind nur solche Zahlen aufgenommen, von denen man annehmen muß, daß sie auch für den Menschen gelten. Diese Zahlen können individuell stark schwanken, nur ihr Verhältnis zueinander steht fest. Die durch Absätze voneinander getrennten Zahlen gehören immer zu einer Versuchsreihe. (Siehe Tabelle S. 54.)

Diese Zahlen erhalten ihre volle Bedeutung erst durch eine Versuchsreihe, in der geprüft wurde, wie sich die Sekretzahlen verhalten. wenn man die Menge des betreffenden Nahrungsmittels verdoppelt[2],

100 g Fleisch	244 ccm	50 g Brot............	138 ccm
200 g Fleisch	536 „	100 g Brot............	147 „
50 g Fleisch	289 „	100 g Kartoffelbrei	300 „
100 g Fleisch	415 „	200 g Kartoffelbrei	340 „
200 ccm Bouillon	91 „	50 g Butter	334 „
300 ccm Bouillon	210 „	100 g Butter	330 „
200 ccm Milch	84 „		
300 ccm Milch	151 „		

Die geprüften Nahrungsmittel zerfallen also in zwei Klassen. Bei Fleisch, Bouillon und Milch geht die Menge der Sekrete proportional in die Höhe, wenn die Menge der Nahrung steigt. Bei Brot, Kartoffeln und Butter fehlt diese Proportionalität. Ob man von ihnen viel oder wenig ißt, das macht keinen oder nur einen sehr geringen Unterschied.

Man sieht daraus, daß eine Beziehung zwischen dem Absonderungsreiz auf den Magen und dem Sättigungswert besteht, dagegen durchaus keine Beziehung zwischen dem Sättigungswert und dem Eiweißgehalt oder dem Kaloriengehalt.

Der Begriff der Schwerverdaulichkeit und schlechten Verträglichkeit

---

[1] Kestner, O.: Dtsch. med. Wochenschr. 1919, Nr. 10.

[2] Wolfsberg, O.: Zeitschr. f. physiol. Chem. Bd. 91, S. 344. 1914.

	Verweildauer im Magen	Menge der Verdauungssäfte
200 g Fleisch[1], in Stücken gebraten ..	4 St.	1246 ccm
200 g Fleisch, gehackt, gebraten	3 ,, 30 Min.	1203 ,,
200 g Fleisch, gekocht, vorher die daraus bereitete Brühe	4 ,, 30 ,,	1186 ,,
200 g Fleisch, roh, gehackt (à la tartare)	4 ,, 30 ,,	1242 ,,
250 g gekochter Schinken in Stücken .	3 ,, 45 ,,	1176 ,,
250 g gekochter Schinken, zerkleinert .	3 ,,	517 ,,
2 harte Eier	2 ,, 30 ,,	471 ,,
2 weiche Eier...................	1 ,, 30 ,,	372 ,,
2 rohe Eier...................	1 ,, 10 ,,	388 ,,
200 g Brot...................	2 ,, 30 ,,	820 ,,
200 g Brot, geröstet...................	2 ,, 30 ,,	839 ,,
263 g Kartoffeln, gekocht...........	3 ,,	742 ,,
200 g Bratkartoffeln	4 ,,	1215 ,,
Probemahlzeit[2] (Schleimsuppe, Beefsteak, Kartoffelbrei)	3 St. 45 Min.	1250[3] ccm
Probefrühstück (50 g Brot, Tee)......	1 ,,	400[4] ,,
200 g Erbsen[5] in Dampf	2 ,, 20 ,,	290 ,,
200 g Erbsen in Wasser	3 ,, 50 ,,	600 ,,
200 g Schneidebohnen in Dampf	3 ,, 10 ,,	150 ,,
200 g Schneidebohnen in Wasser	4 ,,	400 ,,
200 g Weißkohl[3]	3 ,,	470 ,,
200 g Sauerkraut	2 ,, 50 ,,	150 ,,
200 g Steckrüben	2 ,, 10 ,,	165 ,,
100 g Steckrüben, 100 g Kartoffeln...	3 ,, 50 ,,	540 ,,
200 g Weißkohl, 200 g Kartoffeln	4 ,, 30 ,,	340 ,,
200 g Kartoffeln, 50 g Fleisch	5 ,,	840 ,,
2 Tassen[6] Kakao, fettarm	3 St.	590 ccm
2 ,, Kakao, fettreich	3 ,, 20 Min.	360 ,,
2 ,, Haferkakao	2 ,,	250 ,,
2 ,, Tee	1 ,, 30 ,,	180 ,,
2 ,, Kakao mit Brot	3 ,, 20 ,,	410 ,,
2 ,, Kaffee mit Brot	2 ,, 20 ,,	250 ,,
2 ,, Kaffee-Ersatz mit Brot ..	2 ,, 30 ,,	300 ,,
2 ,, Tee mit Brot	2 ,,	220 ,,
50 g Schokolade	2 ,, 30 ,,	300 ,,

[1] Best, F.: Dtsch. Arch. f. klin. Med. Bd. 104, S. 110. 1911.
[2] Cohnheim, O. und Dreyfus: Zeitschr. f. physiol. Chem. Bd. 58, S. 50. 1908.
[3] Magensaft allein 800 ccm.   [4] Magensaft allein 150 ccm.
[5] Unveröffentlichte Versuche von Dr. Alsberg.
[6] Kestner, O. und B. Warburg: Klin. Wochenschr. 1923, S. 1791.

steht in naher Beziehung zum Sättigungswert. Beim Gesunden spielen diese Dinge keine wesentliche Rolle. Leute mit empfindlichem oder „schwachem" Magen aber empfinden alle Dinge als wenig verträglich, die besonders lange im Magen liegen. Je schneller eine Nahrung den Magen verläßt, desto leichter verdaulich erscheint sie dem empfindlichen Magen.

Die Sonderstellung des Fleisches.

Der Wert des Fleisches liegt zum großen Teil in seinem hohen Sättigungswert; Fleisch hält von allen Nahrungsmitteln am längsten vor. Dadurch macht es den Menschen unabhängig von häufiger Nahrungszufuhr und ermöglicht ihm, lange Pausen zwischen den Mahlzeiten einzuschalten. Das war unendlich wichtig für den Soldaten im Felde, der oft nur unregelmäßig und mit großen Pausen verpflegt werden konnte. Es ist ebenso wichtig für die großstädtische Bevölkerung, bei der in der Regel Wohnung und Arbeitsstätte weit voneinander getrennt sind. Der Bauer und der Handwerker arbeiten in der Nähe ihres Heims und genießen von altersher 5 Mahlzeiten. Der Großstädter wohnt entfernt von der Arbeit und muß lange, regelmäßige Arbeitsstunden einhalten. Er beschränkt sich immer mehr auf 3 Mahlzeiten am Tage. In den amerikanischen Großstädten ist sogar das Lunch stark eingeschränkt, und es werden eigentlich nur noch 2 reichliche, dann auch fleischreiche Mahlzeiten genommen. Je länger durchgearbeitet wird, und je angestrengter jede Minute ausgenutzt werden muß, desto höher steigt das physiologische Bedürfnis nach tierischer Nahrung.

Gemenge von Fleisch- und Pflanzennahrung.

Seinen vollen Sättigungswert entfaltet das Fleisch erst, wenn es mit Stärke gemischt wird oder wenn nach dem Fleisch Zucker gegeben wird:

	Verweildauer im Magen	Menge der Verdauungssäfte
bei 50 g Fleisch und 50 g Kartoffeln	4 St.	546 ccm
„ 50 g „ „ 100 g „	6 „	512 „
„ 100 g „ „ 50 g „	$5^1/_2$ „	840 „

Wurde eine und dieselbe Probemahlzeit (Suppe, gehacktes Beefsteak, Kartoffelbrei) das eine Mal allein gegeben, das andere Mal hinterher noch ein Kuchen aus 40 g Zucker, 25 g Keks und etwas Milch, so ergab sich

	Verweildauer im Magen	Menge der Verdauungssäfte
bei der Mahlzeit allein	$3^1/_2$ St.	1200 ccm
„ „ „ mit Kuchen	8 „	1288 „

Die Menge der Verdauungssäfte hängt ausschließlich von dem Fleisch ab, die Verweildauer im Magen und Darm und damit der Sättigungswert aber werden stark verlängert, wenn man dem Fleische Kartoffeln zufügt oder Zucker hinterher gibt, während sowohl die Kartoffeln wie insbesondere der Zucker ohne Fleisch den Magen schnell verlassen. Wenn man einem Physiologen die Preisaufgabe stellen würde, eine Nahrung zusammenzustellen, die am längsten vorhält, so müßte er antworten: erst Fleischbrühe, dann Fleisch mit Kartoffeln, dann etwas Süßes. Das ist die gewöhnliche Mittagsmahlzeit! Appetit und Sättigungsgefühl haben uns wunderbar geleitet. Auch die Zusammenstellung von Brot mit Fett und Fleisch (Wurst, Schinken) hat einen sehr hohen Sättigungswert.

Milch, Ei, Fisch.

Milch hat beim Menschen keinen hohen Sättigungswert; er ist um so größer, je fettreicher die Milch ist. Rahm und Butter sättigen in hohem Maße. Harte Eier haben einen größeren Sättigungswert als weiche, diese einen höheren als rohe Eier.

Von Fischen haben Aal und andere fette Fische einen hohen Sättigungswert, die mageren Fische, wie Schellfisch, dagegen einen viel niedrigeren als Fleisch. Das ist der entscheidende Grund, weshalb sich der Fischgenuß trotz starker Propaganda schwer einbürgert. Man hat gut predigen, daß Fische ebensoviel Eiweiß enthalten wie Fleisch. Fische schmecken auch gut, und ihr Eiweiß ist vermutlich biologisch hochwertig. Aber ein Fischgericht als Hauptbestandteil der Mittagsmahlzeit hält nicht vor, und gegen die Empfindung des mangelnden Sättigungswertes haben sich bisher alle Empfehlungen als wirkungslos erwiesen. Man kann den Sättigungswert auch von mageren Fischen außerordentlich erhöhen, wenn man das Fischfleisch in Öl brät. Darauf beruht die große Bedeutung der Bratfischgerichte, die bei uns erst eine geringe, in England eine sehr große Rolle spielen. Der Sättigungswert eines Bratfischgerichtes aus Seelachs und Kartoffeln war viermal so hoch als der Sättigungswert derselben Mengen in gekochtem Zustande[1].

Fett.

Der Sättigungswert des Fettes ist hoch. Ganz besonders hoch ist er, wenn Fett und Röstprodukte zusammenkommen. Fettes gebratenes Fleisch und mit Fett getränkte Backwaren haben einen sehr hohen Sättigungswert. Leuten mit empfindlichen Magen erscheinen sie als schwerverdaulich und verursachen ihnen ein Völlegefühl. Butter und Fett, die zu Brot oder Backwaren hinzugegeben

---

[1] Kestner und Never: Norddeutsche Fischerei-Zeitung. XVIII. Jahrg., Heft 12. 1926.

werden, verlassen den Magen dagegen in kürzerer Zeit. Jürgensen
sagt mit Recht: Lieber Fett zum Essen, als Fett im Essen.

Mit Fett bereitete Backwaren wie Butterteig, Butterkuchen, in
Fett gekochte Strudel, Beignets werden deshalb in der Diätetik als
schwere Gerichte bezeichnet, welche bei kranken, bzw. empfindlichen
Magen zu vermeiden sind.

Den geringsten Sättigungswert hat das Milchfett, teils wegen der
guten Emulgierung, teils wegen des niedrigen Schmelzpunktes.
Milch, Butter und Käse werden selbst von empfindlichen Magen
meist gut vertragen.

Pflanzennahrung.

Viel kleiner ist der Sättigungswert der Pflanzennahrung. Besonders
gering ist der Sättigungswert aller Gemüse, die auch zum Unterschiede
von Brot und Kartoffeln den Sättigungswert von Fleisch nicht erhöhen[1]. Noch den höchsten Sättigungswert haben Kartoffeln. Gab
man die gleiche Substanzmenge in Form von Brot und Kartoffeln, so
floß Magensaft:

$$\text{auf Brot} \ldots\ldots\ldots\ldots 237 \text{ ccm}$$
$$\text{,, Kartoffeln} \ldots\ldots\ldots 422 \text{ ,,}$$

Von größter Bedeutung ist die Erhöhung des Sättigungswertes durch
die Röstprodukte. Geröstete Kartoffeln haben einen Sättigungswert,
der fast so hoch ist wie der von Fleisch. Beim Brot[2] hat die Rinde
einen hohen Sättigungswert, und Rundstücke (Brötchen, Semmeln)
haben daher einen viel höheren Sättigungswert als dieselbe Teigmenge
in Form eines Laibes Brot.

	Verweildauer im Magen
Brotteig	2 St. 41 Min. — 3 St. 43 Min.
Brot ohne Rinde	3 ,,
Brot	4 ,, 42 ,, — 5 ,, 15 ,,
Rundstücke	6 ,, 10 ,, — 7 ,, 4 ,,
Rinde.....................	6 ,, 7 ,, — 7 ,, 10 ,,
Geröstet	6 ,, 13 ,, — 6 ,, 20 ,,

Oder in anderer Versuchsreihe[3]:

	Menge der Verdauungssäfte
Brot	237 ccm Magensaft
Brotteig.................	192 ,, ,,
Hafermehl................	124 ,, ,,

---

[1] Unveröffentlichte Versuche von Dr. Alsberg.
[2] Kestner, O.: Münch. med. Wochenschr. 1922, S. 1429.
[3] Cohnheim, O. und Ph. Klee: Zeitschr. f. physiol. Chem. Bd. 78, S. 464.
1912.

Hier liegt die Ursache, weshalb alle festen, kaubaren Speisen beliebter sind als die zusammengekochten Suppen und Breie. Bei Massenspeisungen sind diese unvermeidbar. Wo es aber möglich ist, sollte man die einzelnen Nahrungsmittel nicht zu einem Brei zusammenkochen, sondern für sich als feste, kaubare Stücke geben. Für die Hausfrau lohnt sich die größere Mühe durch das längere Vorhalten solcher Speisen.

Wichtig ist noch die Einteilung der Mahlzeiten für den Sättigungswert. Die Entleerung des Magens wird beschleunigt durch die stärkere Dehnung des Magens; je voller also der Magen ist, um so schneller entleert er sich. Nach 10 Min. hatten im Hundeversuch den Magen verlassen[1]:

$$\text{von } 100 \text{ ccm Flüssigkeit } 40 \text{ ccm}$$
$$\text{,, } 200 \text{ ,, ,, } 60 \text{ ,,}$$
$$\text{,, } 300 \text{ ,, ,, } 110 \text{ ,,}$$

Der Sättigungswert der Nahrung ist daher größer, wenn sie auf mehrere Mahlzeiten verteilt wird, als wenn die ganze Menge auf einmal gegeben wird, eine Regel, die praktisch erprobt ist, aber allgemeiner bekannt zu werden verdient.

VIII. Der Zellulosegehalt der Nahrung.

Bei einer Kost, die nur aus verdaulichen Stoffen besteht, entleert der Mensch einen Kot von recht gleichmäßiger Zusammensetzung. Die Menge des Kotes bei vollverdaulicher Nahrung schwankt zwischen 100—150 g im Tage; sie kann größere Abweichungen zeigen, aber hauptsächlich infolge des wechselnden Wassergehaltes. Der Trockenkot schwankt zwischen 20 und 30 g, die Stickstoffmenge beträgt 1 g[2] oder wenig mehr. Man findet den Kot von 24 Stunden durchschnittlich folgendermaßen zusammengesetzt:

$$70—75\ \% \text{ Wasser,}$$
$$1,3—2,4\% \text{ Stickstoff,}$$
$$3—5,4\% \text{ Ätherextrakt,}$$
$$3—4,5\% \text{ Asche.}$$

In der Trockenmasse des Kotes sind enthalten:

$$5—\ 8\% \text{ Stickstoff,}$$
$$12—18\% \text{ Ätherextrakt,}$$
$$11—15\% \text{ Asche.}$$

---

[1] Cohnheim, O. und Franz Best: Zeitschr. f. physiol. Chem. Bd. 69, S. 117. 1910.

[2] Cohnheim, O.: Physiologie der Verdauung und Ernährung. 15. Vorlesung. Berlin 1908.

1 g organische Substanz gibt 6—6,5 Cal Verbrennungswärme.

Ein gewisser Teil des Kotes besteht aus toten und lebenden Bakterien, der größte Teil sind die eingedickten Verdauungssäfte, die durch Bakterien mehr oder weniger verändert sind. Der Ätherextrakt besteht in der Hauptsache aus gebundenen und freien Fettsäuren. Auch sie sind gegenüber der Nahrung vielfach durch Bakterien verändert. Dazu kommen besondere Ausscheidungen des Darms, indem der Körper von den Salzen Kalzium, Magnesium und Phosphate zum Teil, Eisen vollständig in den Darm ausscheidet und nicht in den Harn.

Ein solcher Kot wird entleert, wenn die Nahrung ausschließlich Milch, Käse, Butter, Fleisch, Zucker, Fette und Öle, Weißbrot oder Makkaroni enthält. Die Menge wechselt mit der Nahrungsmenge, die Zusammensetzung ist ganz unabhängig von der Nahrung. Die Nahrung wird restlos aufgesaugt; an ihre Stelle tritt etwas, was der Körper abgibt. Doch pflegt man die Kosten, die dem Körper durch diesen Abgang erwachsen, mit vollem Recht als Verlust zu buchen und sagt, die hier in Betracht kommenden Nahrungsmittel werden nicht zu 100% ausgenutzt, sondern zu 95—97%. Das gilt für den Stickstoff wie für den Wärmewert. Bei stickstoffarmen Nahrungsmitteln, wie beim Weißbrot, erscheint die Stickstoffausnutzung schlechter, auch wenn der Stickstoff vollständig resorbiert wird.

Völlig anders verhält sich der menschliche Kot, wenn die Nahrung Zellulose enthält. Wir besitzen kein Ferment, das Zellulose angreift, und damit ist nicht nur die Zellulose selbst gegen die Verdauungssäfte gefeit, sondern die eigentümliche Anordnung in den Pflanzen bringt es mit sich, daß die Zellulose auch die Eiweißstoffe und die Stärke der Pflanzennahrung vor den Verdauungssäften schützt. Denn sie liegt in feinen Hüllen um die Zellen der Pflanzen oder um die Vorratsstoffe der Samen herum. Wenn Raupen Blätter fressen, so können sie nur diejenigen Pflanzenzellen verdauen, die zufällig angerissen sind. 97% der Nahrung gehen ungenutzt durch die Raupe hindurch. Die Wiederkäuer sind besser daran, indem die gefressene Nahrung erst lange im Pansen liegen bleibt und dort von Bakterien zersetzt wird. Denn diese **Bakterien erzeugen ein zellulosespaltendes Ferment (Zytase)**. Erst wenn die Zellulosehüllen der Pflanzennahrung von Bakterien aufgelöst und erweicht sind, kommt die Nahrung wieder in die Höhe, wird nun erst durchgekaut und dann wie von Menschen und anderen Tieren verdaut. Wiederkäuer können daher die Kleie des Brotes gut verwerten[1].

Auch beim Menschen kann die Zellulose nur durch Bakterien gelöst werden; jedoch erfolgt die Bakterieneinwirkung nicht am Anfang, sondern am Ende des Verdauungsprozesses. Im unteren Dünndarm und besonders im Blinddarm, wo die Nahrung lange liegen bleibt,

---

[1] **Rubner**, M.: Verwertung des Roggens. Berlin: Julius Springer 1925.

werden die nichtaufgesogenen Reste von Bakterien angegriffen, ein Teil der Zellulose wird gelöst, und die zugänglich gewordenen Nahrungsstoffe werden nun in einer Nachverdauung von den Bakterien und von den Fermenten, die aus dem Dünndarm mit heruntergekommen sind, noch einigermaßen verwertet. Ganz dünne Zellmembranen, wie wir sie etwa in den Kartoffeln[1] und in dem feinen Weizenmehl zu uns nehmen, werden gelöst, gröbere Zellulose nur in geringeren Mengen.

Die Zellmembran enthält nach Rubner[2] außer der eigentlichen Zellulose noch Pentosane und einen „Rest", der aus Ligninen, Hemizellulosen und anderen Stoffen besteht. Rubner gibt folgende Durchschnittswerte:

	Zellmembran		In der Zellmembran:		
	in der frischen Substanz %	in der Trockensubstanz %	Zellulose %	Pentosane %	Rest %
Kleie	—	69	29	41	30
grobes Weizenbrot	3,2	5,1	30	47	23
feines Weizenbrot	1,6	2,7	42	8	50
Roggenbrot					
60% Ausmahlung ..	2,6	—	33	39	28
82% „ ..	4,0	—	28	34	38
96% „ ..	5,1	—	30	43	27
96% Schrotbrot	7,5	—	24	34	42
Reiskleie	—	—	39	27	34
Kartoffeln ohne Schale	1,4	5,5	41	5	54
Kartoffelschale	—	—	52	8	40
gelbe Rüben	2,8	26	43	22	35
Schwarzwurzeln.......	2,9	12,5	47	24	29
Spinat	2	27	40	25	35
Salat	3	30	43	20	37
Wirsingkohl	3,4	39	45	23	32
Grünkohl	5,1	26	40	27	33
Blumenkohl	3,4	29	44	22	34
Brunnenkresse	1,5	14	42	15	43
Äpfel, geschält	1,7—2,5	12—18	40—57	21—22	21—39
Apfelschale	—	20	65	18	17
Birnen	4	19—25	30—35	33—35	32—35
Steinpilze	—	12	57	5	38
Gurke	0,9	23	56	17	27
Rhabarber	1,5	27	55	15	30
Spargel	1,6	21	46	16	38

[1] Strasburger u. Mitarbeiter. Arch. f. Verdauungskrankheiten Bd. 41, S. 1, 12 u. 180. 1927. Deutsch. med. Wochenschr. 1927, Nr. 40.

[2] Rubner, M.: Arch. f. Anat. u. Physiol., Physiol. Abt. 1915, 1916 u. 1918. — Verwertung des Roggens. Berlin: Julius Springer 1925.

Hier wird in Zukunft von der Zellmembran als Zellulose gesprochen, obgleich sie in Wirklichkeit neben der Zellulose die genannten anderen Bestandteile enthält.

Von der Zellmembran erschienen bei Rubners Versuchen am Menschen im Kot bei Genuß von

	%
Birkenholz	68
Kleie	44
feines Weizenbrot	0
grobes Weizenbrot	53
grobes Roggenbrot	43—56
feineres Roggenbrot	29—66
Roggenbrot mit Kartoffelmehl	63—70
Kartoffeln	0
Spinat	57
gelbe Rüben	58
Steinpilze	74

Es geht also auch beim Menschen ein gewisser Teil der Zellmembran in Lösung, und die in ihr eingeschlossenen wertvolleren Bestandteile könnten aufgesaugt werden. Das geschieht aber nur mangelhaft, weil die Bakterienwirkung ja erst am Ende des Dünndarms wirksam wird, wo die Fermentwirkung und die Aufsaugung gering sind.

Der Mensch ist darauf angewiesen, die Zellulose vorher durch die Zubereitung der Nahrung zu zerstören. Wenn wir uns von tierischer Nahrung ernährten, könnten wir sehr gut als Rohkostler leben. Die Kulturmenschen tun es nicht, weil mit der tierischen Nahrung allzu leicht Krankheitserreger eingeführt werden können. Von den pflanzlichen Nahrungsmitteln würden gerade die wichtigsten als Rohkost für uns kaum angreifbar sein, daher kochen wir Kartoffeln und Gemüse und mahlen das Getreidekorn. Immerhin ist auch hiernach noch ein erheblicher Rest unangreifbar. Bei zellulosehaltiger Nahrung ändert sich die Beschaffenheit des Kotes. Die Verbrennungswärme fällt von 6—6,5 Cal auf 5,2 Cal für 1 g organische Substanz; auch der Stickstoffgehalt fällt. Mikroskopisch, manchmal schon mit bloßem Auge, kann man die unangegriffenen Reste im Kot sehen. Damit geht dann vor allem die Gesamtmenge des Kotes in die Höhe, wie dies zuerst Rubner in klassischen Untersuchungen festgestellt hat.

Folgende Tabelle gibt die Verluste im Kot wieder, die Trockenmasse oder Kalorien (dazwischen besteht meist kein wesentlicher Unterschied) und Eiweiß oder Stickstoff erleiden. Wie erwähnt, besteht dieser Verlust zum Teil darin, daß zellulosehaltige Nahrung in einem gewissen Ausmaße unverdaut durch den Verdauungskanal hindurchfließt. Zum anderen Teil aber beruht sie auf dem Verlust an Verdauungssäften, der bei allen Nahrungsmitteln vorhanden, aber bei den zellulosereichen besonders hoch ist. Wo Bestimmungen vorliegen, ist der erste Teil als unverdauter Stickstoff besonders aufgeführt.

Es erschienen im Kote von 100 g, die gegessen wurden[1]:

| Beim Genuß von | Trocken-masse % | Unverdauter N | |
		aus der Nahrung und aus den Verdauungssäften %	aus der Nahrung %
Fleisch	4—5	2—5	0
Ei	5	3	0
Milch mit Käse	6	3—5	0
Milch	9	6	0
Fett	8	0	0
Makkaroni mit Kleber	0	11	0
Makkaroni	5	17	0
Mais	7	19	0
Reis	4	25	0
Spätzeln	5	21	0
Kakao[2]	45—60	0	0
Erbsen	9	11—18	
Hülsenfrüchte [Durchschnitt[7]]	17	22	
Kartoffeln	4—9	15—32	
Gelbe Rüben	10—21	39	16
Pilze	36	35	35
Steckrüben	15—17	56—76	25
Wirsingkohl	19—25	15—19	5
Äpfel, Feigen, Apfelsinen[4]	0	36	
Äpfel	9	65—100	67
Erdbeeren	26	92	50
Bananen[5]	8	54	
Trauben[4]	0	100	
Feinstes Weizenbrot	2—3	6	0
Mittleres Weizenbrot[6, 7]	7—15	23—28	1—3
Grobes Weizenbrot[7]	10—12	21—30	3—9
Grobes Roggenbrot	13—21	37—61	10—24
Feines Roggenbrot	3—10	23—47	
Brote[3], gemischt aus Weizen- und Roggenmehl			
60—70% Ausmahlung	4—7	14—17	
80—97% Ausmahlung	9—15	23—28	

[1] Die meisten Zahlen nach M. Rubner: Zeitschr. f. Biol. Bd. 15, 16, 42; Arch. f. Anat. u. Physiol. 1915, 1916.—Verwertung des Roggens. Berlin: Julius Springer 1925.

[2] Neumann, R. O.: Arch. f. Hyg. Bd. 58, S. 1. 1906.

[3] Neumann, R. O.: Das Brot. Berlin: Julius Springer 1922.

[4] Caspari, W.: Pflügers Arch. f. d. ges. Physiol. Bd. 109, S. 473. 1905.

[5] Thomas, K.: Arch. f. Anat. u. Physiol. 1910, S 250.

[6] Kestner, O.: Münch. med. Wochenschr. 1922, S. 1429.

[7] Woods, C. D. and L. H. Merrill: U. S. Department of Agriculture, Experiment. Stations, Bull. Nr. 143. 1904.

Rubner berechnet daraus die Kotmenge, die ein Mensch in 24 St. ausscheiden würde, falls er sich nur von einem einzigen Nahrungsmittel ernähren würde. Es würde organische Substanz ausgeschieden werden bei Ernährung mit

Fleisch	26 g	Mais..............	51 g
Eier	26 „	Gelbe Rüben	101 „
Makkaroni	27 „	Wirsingkohl........	113 „
Weißbrot	36 „	Kartoffeln	133 „
Milch	42 „	Brot.......... 80—121 „
Reis	50 „	Schwarzbrot	146 „

Besonders anschaulich erscheint die Bedeutung der Zellulose beim Brot, vgl. „Besonderer Teil".

Ferner gibt Rubner folgende Zahlen: Bei ausschließlicher Ernährung mit tierischen Nahrungsmitteln, mit Reis und feinem Weizenbrot entleert der Mensch

22 g Trockenkot und 1,2 g N .

Ernährt er sich durch andere Nahrungsmittel, so addieren sich zu diesen Mengen noch folgende Mengen hinzu:

durch Mais..............	19 g	Trockenkot und	0,2 g N
„ Wirsing	37 „	„	„ 0,3 „ „
„ gelbe Rüben	49 „	„	„ 0,4 „ „
„ grobes Weizenbrot ..	45 „	„	„ 1,7 „ „
„ grobes Roggenbrot ..	83 „	„	„ 2,2 „ „

Bei allen zellulosehaltigen Nahrungsmitteln muß daher von dem, was die Analyse an Stickstoff und an Kalorien ergibt, ein erheblicher Abzug gemacht werden, und darauf beruht der Unterschied zwischen dem Roheiweiß und dem Reineiweiß und beruht der Unterschied zwischen den Rohkalorien und den Reinkalorien (s. S. 3 u. 29).

Danach müßte es für den Menschen eigentlich das Zweckmäßigste sein, eine möglichst vollkommen ausnutzbare Nahrung zusammenzustellen und von den zellulosehaltigen Stoffen abzusehen oder sie so zuzubereiten, daß sie gut ausnutzbar werden. In der Tat hat mit der zunehmenden Zivilisation in allen Kulturländern eine Verschiebung in dieser Richtung stattgefunden. Wie oben auseinandergesetzt ist, muß ja die Nahrung eiweiß- und fleischreicher werden, je mehr die Gehirnarbeit die Muskelarbeit verdrängt, und je mehr sich die Menschen in den Städten zusammendrängen. Außerdem ist das Brot feiner, d. h. zelluloseärmer geworden; die Kleie wird bei dem heutigen Mahlverfahren in steigendem Maße entfernt und als Viehfutter verwendet, und für den Menschen kommt nur mehr das zellulosearme Innere des Korns in Betracht.

Diese Veränderung hat aber Bedenken. Der Dünndarm hat verschiedene Formen der Bewegung. Die Misch- und Knetbewegungen werden durch einen chemischen Stoff hervorgerufen, der vom Darm erzeugt wird (s. S. 49). Die Fortbewegung des Speisebreies erfolgt dagegen durch eine Bewegung der Muskeln, die durch einen mechanischen Reiz ausgelöst wird. Fehlt dieser mechanische Reiz völlig, so wird der Darminhalt zu langsam fortbewegt. Infolgedessen haben die Fleischfresser unter den Wirbeltieren einen kurzen Darm, die Pflanzenfresser einen langen. Der Fleischfresserdarm ist außerdem viel muskelkräftiger, was von der reichlicheren Salzsäureabsonderung abhängt. Noch größer sind die Unterschiede am Dickdarm. Er ist bei den Fleischfressern eng und kurz, bei den Pflanzenfressern weit und lang. Der Mensch steht in der Mitte zwischen beiden, dem Hunde etwa am nächsten. Die verschiedene Entwicklung des Dünn- und Dickdarms ist nur zum Teil ererbt, sie hängt vielmehr mit der Art der Nahrung in der Jugend, während des Wachstums, zusammen. Bei Kaulquappen kann man willkürlich durch verschiedene Fütterung einen Darm nach dem Typus des Fleisch- oder Pflanzenfresserdarms erzielen und auch bei Säugetieren (Ratten)[1] kann man die Entwicklung stark beeinflussen. Die Menschen mit grober Pflanzennahrung wie die Osteuropäer haben ganz anders entwickelte Dickdärme, als man bei uns zu sehen gewöhnt ist. Kommt nun in einen solchen auf Pflanzennahrung eingestellten Darm eine zellulosearme Nahrung, die schon im Dünndarm vollständig oder nahezu vollständig aufgesogen wird, so werden die Bewegungen des Darms nicht hinreichend angeregt, die Nahrung wird nicht ordentlich fortgeschoben, der Mensch leidet an Verstopfung, und das ist ihm unangenehm.

Es gibt wohl Menschen, die eine zellulosefreie Nahrung vertragen und sich dabei wohlfühlen können. Sehr viele andere Menschen, heute wohl auch bei der städtischen Bevölkerung noch die größte Mehrzahl, würden in sehr unangenehmer Weise an Verstopfung leiden, wenn sie sich keine Zellulose zuführten. Die zellulosehaltige Nahrung, grobes Brot, Obst, Gemüse, Salat, hat daher für das Wohlbefinden der Menschen eine große und wichtige Bedeutung.

Besonders bedeutsam sind diese Zusammenhänge für die Ernährung des Kindes, d. h. in der Zeit, in der der Darm noch bildungsfähig ist. Junge Ratten[1] wurden, sobald sie selbständig fressen konnten, einmal zellulosereich und fleischlos und das andere Mal zellulosefrei und fleischreich ernährt. Die Dickdärme und Blinddärme der Fleischtiere waren viel kürzer und leichter als die der Zellulosetiere. Die Unterschiede sind so groß, daß die viel größeren und schwereren Fleischtiere um 22 % kürzere Därme haben als die kleineren und leichteren Zellulosetiere. Der Appetit der Kinder bevorzugt gewöhnlich Obst, also eine sehr schlackenreiche Nahrung, auch Gemüse werden gern genommen. Fleisch ist für das Kind nicht nötig, weil es eine sehr starke Muskelarbeit und daher einen hohen Kalorien-

---

[1] Kestner, O., Pflügers Arch. 1929.

bedarf hat (vgl. S. 19). Milch ist aus anderen Gründen dringend wünschenswert (vgl. S. 35 u. 42). Gibt man einem Kinde eine Nahrung, in der grobes Brot, Gemüse und Obst überwiegen, so bekommen die Kinder einen Darm, der dem Pflanzenfresserdarm nähersteht, und wenn sie dann später durch ihren Beruf dazu kommen, Fleisch und andere tierische Nahrung zu brauchen, so geraten sie in die Gefahr der Verstopfung. Diese darmfüllende Wirkung der Rohkost ist ebenso wichtig wie der Vitamingehalt und verschafft ihr vor allem Verbreitung. Man sollte aus diesem Grunde bei der Kinderernährung von Fleisch und Eiern nicht absehen.

Auch von der Zellulose gilt wie von dem Sättigungswert, daß sie in enger Beziehung zu der Bekömmlichkeit steht. Menschen, die nicht an zellulosehaltige Nahrung gewöhnt sind, leiden nach dem Genuß von grobem Brot und groben Gemüsen an Blähungen und unangenehmen Empfindungen im Darm. Sehr wichtig ist dabei der Grad der Zerkleinerung (s. S. 36).

In ungekochtem Zustande, bei manchen Gemüsen auch in gekochtem Zustande — das gilt besonders von den fasrigen Gemüsen: Gurken, Spargel, Rosenkohl, Porree usw. — ist die Zerkleinerung durch den Kauakt nur sehr unvollkommen. Durch Hacken, Zerquetschen und Durchsieben kann man rohe pflanzliche Kost in einem gewissen Maße aufschließen. Derartige Zubereitungen spielen daher in der diätetischen Küche eine gewisse Rolle.

Zusammenfassung.

Versucht man, die 7 Erfordernisse einer sachgemäßen Ernährung gegeneinander abzuwägen und in Beziehung zu dem Beruf und der Lebensweise der einzelnen Menschen zu bringen, so muß in den Vordergrund die gewaltige Änderung geschoben werden, die in den zwei letzten Menschenaltern in der Arbeit auch des deutschen Volkes eingetreten ist. Sie besteht in einer Verminderung der Muskelarbeit. Die Folge ist in Kapitel II auseinandergesetzt. Die kalorienreichen, eiweißarmen Nahrungsmittel, Brot, Reis, Mais, müssen zurücktreten und müssen z. T. durch die eiweißreichen und kalorienarmen Nahrungsmittel ersetzt werden, die an der Spitze der Tabelle auf S. 31 stehen, Fleisch, Milch und Milchprodukte. Die Tatsachen sind sicher und unwiderleglich, und die Änderung des Nahrungsmittelbedarfs läuft daher mit der Sicherheit eines Naturgesetzes. Zur Ernährung mit „ungemischter Speise", d. h. zur Ernährung des Bauers, kann man nur zurückkehren, wenn man auch die Lebensweise der Bauern aufnehmen und Mephistos Rat ganz befolgen will:

> Begib dich gleich hinaus aufs Feld,
> fang an zu hacken und zu graben,
> erhalte dich und deinen Sinn
> in einem ganz beschränkten Kreise,
> ernähre dich mit ungemischter Speise,
> leb mit dem Vieh als Vieh und acht es nicht für Raub,
> den Acker, den du erntest, selbst zu düngen.

Da das nicht geht, mußte sich die Ernährung ändern. In der alten Zeit der schweren Muskelarbeit waren in Europa das Brot, und zwar das grobe, eiweißarme Brot, die Hauptnahrung. „Unser täglich Brot gib uns heute", heißt es im Vaterunser, und Luther nennt täglich Brot „alles, was zu des Leibes Nahrung und Notdurft gehört". Bei Homer wird unter σιτοσ, das im Lexikon mit Speise übersetzt wird, nur Brot verstanden, und alles andere, Fleisch, Wein, Gemüse heißt οψον oder οψωνιον, Zukost. Der Brotgenuß war vor dem Kriege zweifellos im Rückgang, und in Nordamerika, wo die Menschen ungehemmter die neue Ernährung durchgeführt haben, war er überraschend gering. In der Seele des Menschen spielt das Brot traditionell noch eine gewaltige Rolle, obgleich es längst seine entscheidende Bedeutung verloren hat. Bei den Kämpfen um den Zolltarif 1902 waren wirtschaftliche Interessen entscheidend, aber eine Fülle von ganz uninteressierten Vaterlandsfreunden wäre nicht so begeistert auf die Zollwünsche der Landwirtschaft eingegangen, hätte nicht der Gedanke seinen Zauber auf sie ausgeübt, Deutschland könne sein Brot allein hervorbringen.

Zurücktreten von Brot und Kartoffeln und stärkste Zunahme von Fleisch und Milch muß also die Folge der veränderten Arbeitsweise sein. Zu demselben Ergebnis führen aber zwei andere Ursachen, die Bedeutung des Fleisches für den geistigen Arbeiter und der hohe Sättigungswert des Fleisches.

Infolgedessen ist das Fleisch gewissermaßen das Wahrzeichen der neuen Zeit in der Ernährung geworden, und alle diejenigen, die von den Schäden der heutigen städtischen Lebensweise und des Maschinenzeitalters sprechen, wenden sich gegen das Fleischessen. Vgl. Fleisch, Besonderer Teil.

Liest man die Schriften von Fletcher und Hindhede und anderen nicht sachverständigen „Ernährungsreformern", die sich eines gewissen Rufes erfreuen, so hat man durchaus den Eindruck, als sei eine gefühlsmäßige Abneigung bei ihnen der Urgrund ihres Kampfes gegen das Fleischessen, die nachher erst wissenschaftlich verbrämt wurde. Die Behauptung, die Menschheit habe zuviel Fleisch gegessen und solle zu den einfachen Eßgewohnheiten der Altvordern zurückkehren, ist ein Teil des Kampfes gegen die städtische Lebensweise überhaupt und genau so viel wert wie die Klagen über die Degeneration durch die Kultur. Im Hintergrunde steckte die Sorge, der degenerierte Städter und Kulturmensch sei nicht mehr kriegstüchtig. Der Krieg hat diese ganze Lehre von der Degeneration durch die Kultur als Literatengerede erwiesen. Nicht die „einfachen" Völker, die der Natur nahestehen, haben die furchtbaren geistigen und körperlichen Strapazen am besten ertragen, sondern die kulturell höchststehenden Nationen. Der Kampf gegen die eiweißreiche Kost scheint denn auch seit dem Kriege verstummt zu sein. Das eigene Erleben hat gewirkt. Die deutsche Landwirtschaft ist dem mächtig gesteigerten Fleisch- und Milchbedarf gefolgt und hat die Hervorbringung von Fleisch und Milch viel mehr gesteigert als die von Brotgetreide, und sie würde den Übergang ohne künstliche Hemmungen durch Zölle schneller vollzogen haben. Sehr interessant und für die verwickelten Zusammenhänge charakteristisch liegen die Dinge beim Brot. Früher war das deutsche Brotgetreide in der Hauptsache Roggen, und das Roggenkorn wurde stark ausgemahlen; allmählich nahm der Weizengenuß zu, und Mehl zu Brot wurde in gesteigertem Maße nur noch aus den mittleren Schichten des Korns gewonnen, während die Kleie an das Vieh verfüttert wurde. Das Weizeneiweiß wird viel besser ausgenutzt als das Roggeneiweiß, und das Eiweiß des feinen Mehles besser als das der Kleie. Im feinen Weizenbrot kommen daher auf 100 g Eiweiß nur 3300 Cal, im groben Brot 7600. Das grobe Roggenbrot steht am Ende der Tabelle S. 31, das feine Weizenbrot den tierischen Nahrungsmitteln am nächsten. Dazu kommt, daß feines Weizenmehl bei uns meist in kleinen Brötchen gebacken wird, grobes Mehl fast nur als Laib. Infolge der Wirkung der Röstprodukte ist der Sättigungswert bei dem Brötchen viel größer. Ermöglicht wurde die Änderung der Brotbereitung durch die technischen Fortschritte des Mahlprozesses in den großen Mühlen. In letzter Linie wirksam in dieser Entwickelung ist sicher der veränderte Bedarf des Menschen. Wieweit aber außerdem die kaufmännischen Gesichtspunkte der großen Mühlen (es ist kaufmännisch vorteilhafter, aus dem feinen Mehl Brot zu backen und die Kleie als Viehfutter zu verkaufen, als das ganze Korn zu verbacken) Ursache für die Wandlung geworden sind, wieweit sie nur eine Bedingung darstellen so gut wie der technische Fortschritt, ist wohl kaum zu entscheiden.

Die Zunahme des Fleischgenusses, die Verminderung der pflanzlichen Nahrung und die Änderung des Brotes haben nun aber eine Reihe von Folgen, die wieder zwangläufig sind.

Zunächst ist die Vitaminzufuhr gefährdet, da Schweinefleisch und Schweinefett kein antiskorbutisches Vitamin enthalten und mageres Rindfleisch verhältnismäßig wenig davon aufweist. Im Anfang des Maschinenzeitalters ist die Ernährung der ärmeren städtischen Bevölkerung sicher zu vitaminarm gewesen, und die Vitaminverarmung ist dann nur ausgeglichen und überkompensiert worden durch die gewaltige Zunahme des Verbrauchs von Milch und Milcherzeugnissen. Milch und Butter enthalten so viel Vitamin, daß der Mensch mit ihnen auf Pflanzennahrung verzichten könnte. In und nach dem Kriege führte die Teuerung von Milch und Butter in den Städten wieder zu Skorbutgefahr und Kindergefährdung.

Die andere Folge der Nahrungsveränderung ist die Zellulosearmut der Nahrung, die das Zurücktreten der pflanzlichen Nahrung und der Ersatz des kleiereichen Brotes durch Weißbrot notwendig mit sich bringt. Da die Zellulosearmut sich durch Verstopfung dem Menschen fühlbar macht, liegt hier eine der wichtigsten Ursachen für die Unzufriedenheit mit der modernen städtischen Nahrung und für alle möglichen Reformbestrebungen.

Die hergebrachte frühere Nahrung des Bauern und des Handwerkers in Deutschland war physiologisch richtig angepaßt. Das Brot stand im Mittelpunkt der Ernährung, es lieferte Energie, einen erheblichen Teil des Eiweißes, Vitamine und Zellulose. Das fehlende Eiweiß wurde durch Milch, Käse und Fleisch gedeckt. Gemüse, insbesondere Hülsenfrüchte, sorgten für das Fehlende. Eine andere vorzüglich für den Bedarf angepaßte Ernährung ist die der geistigen Arbeiter, einschließlich der gelernten Industriearbeiter in den Städten Nordamerikas. Sie erscheint uns durch den Reichtum an Fleisch und Milch als sehr eiweißreich. Tatsächlich ist sie es nicht, sondern enthält auch nicht mehr Eiweiß als etwa 100 g, da Brot- und Kartoffeleiweiß fast wegfallen und die Milch zum großen Teil in Form von Butter und Sahne genossen wird. Brot tritt ganz zurück, Kartoffeln erst recht. Das Fleisch pflegt mager zu sein, und die Nahrung ist dadurch kalorienarm. Die durchschnittliche Magerkeit der Amerikaner beruht sicher mit hierauf. Für Zellulose und Vitamine (soweit nicht Butter und Sahne genug liefern) sorgen die sehr reichlich genossenen Früchte, Obst und Salate, Tomaten und dergleichen, ohne daß sie den Kaloriengehalt unnötig steigern. Die nordamerikanische Ernährung ist in dieser Hinsicht außerordentlich typisiert. Erstaunlich ist die ausgedehnte Verwendung von Konserven. — Selbst das Weißbrot wird als Konserve verwandt — das hat gewisse Vorteile. Im Großbetrieb werden derartige Nahrungsmittel durchweg in sehr guter Qualität hergestellt. Vermehrt wird aber auf der anderen Seite die Monotonie der Nahrung, die dem Europäer in den U. S. A. auffällt. Die feinere Kochkunst fehlt, wie sie etwa in der französischen und italienischen Küche zu finden ist.

Wir befanden uns vor dem Kriege in Deutschland offensichtlich auf dem Wege zu der neuen, für das Maschinenzeitalter richtigen amerikanischen Ernährung. Die Umstellung ist verlangsamt worden, einmal durch Schutzzoll und Einfuhrerschwerung des Fleisches, andererseits durch das Festhalten an überlieferten Eßgewohnheiten und Geschmacksrichtungen.

Rückgängig zu machen ist die Entwicklung nicht, höchstens auf dem Wege, daß der nicht körperlich Arbeitende sich Muskelarbeit außerhalb seines Berufs sucht, in Sport, Garten- und Feldarbeit usw. Eine der geistigen Wurzeln der Liebe zum Sport liegt in diesen Zusammenhängen. Der Übergang zu der kalorienarmen und trotzdem genügend Eiweiß, Vitamine und Zellulose enthaltenden Kost muß natürlich möglichst schnell erfolgen, da jede Übergangszeit Unannehmlichkeiten hat. Vgl. S. 66.

Wägt man bei Kindern die verschiedenen Erfordernisse der Nahrung gegeneinander ab, so kommt für das frühe Säuglingsalter nur die Muttermilch und als ihr Ersatz Kuh- und Ziegenmilch in Betracht. Für das spätere Säuglingsalter sind vitaminhaltige Gemüse nötig, die aber in breiiger Form gegeben werden müssen, da der Säuglingsdarm Zellmembranen kaum angreift. Vom 3. Jahre an kann das Kind wohl jede Nahrung essen, die der Erwachsene ißt, und es kommt nur auf die Mengenverhältnisse an. Es ist früher übertriebener Wert auf hohen Eiweißgehalt gelegt worden, weil das Kind Eiweiß zum Wachstum braucht. Das Wachstum ist aber das Primäre, und der wachsende Körper verschafft sich sein Aufbaueiweiß auch bei verhältnismäßig geringem Angebot. Infolgedessen ist von den Kinderärzten gegen den übertriebenen Gehalt der kindlichen Nahrung an tierischem Eiweiß Einspruch erhoben worden; doch heißt das natürlich nicht, daß den Kindern diese Nahrung, d. h. viel Milch, Ei und Fleisch, nicht bekäme, sie ist nur nicht nötig. Das Kind hat einen sehr hohen Kalorienbedarf und kann daher mit verhältnismäßig eiweißarmen Nahrungsmitteln auskommen, so gut wie der Erwachsene bei schwerster Muskelarbeit. Über die Gefahren zu lange fortgesetzter überwiegender Milchnahrung vgl. S. 36.

Da aber der kindliche Körper wächst, muß auf zwei Dinge Wert gelegt werden: 1. auf Vitamine, 2. auf die richtige Entwicklung des Darmes.

1. Das Kind wächst nur bei reichlichem Angebot aller Vitamine gut und so stark, wie sein Körper wachsen kann. Hier sind die beiden fettlöslichen Vitamine wichtig. Die größten Mengen bekommt man in Butter und Eiern. Butter und Eier müssen daher während des Wachstumsalters so reichlich gegeben werden, wie es die Verhältnisse zulassen. Daneben sind Früchte und Salat nötig.

2. Wie schon bei der Zellulose auseinandergesetzt (S. 64), entwickelt sich der Darm des Kindes je nach der Nahrung. Man gestaltet deshalb zweckmäßig seine Nahrung nicht zu zellulosereich und zu fleischarm, sonst droht ihm im späteren Leben Verstopfung.

Besonderer Teil.

Einleitung.

Es sind hier die wichtigsten Nahrungsmittel besprochen und die wichtigsten Zahlen in Tabellen zusammengefaßt. Am Schluß des Buches findet sich eine Übersichtstabelle mit Kalorien, Eiweißwerten und Notizen über den Vitamingehalt. Diese Tabelle ist im Gebrauch bequemer und soll eine leichte Orientierung gestatten, nicht die ausführlichen Tabellen ersetzen. Die letzteren bestehen aus zwei großen Gruppen von Stäben. 1—7 enthalten die Werte für Stickstoff, Fett, Kohlenhydrate, Zellmembran, Wasser, Asche und Wärmewert, die der Zusammensetzung des Nahrungsmittels entsprechen, bei Diätberechnungen aber nicht verwendet werden sollten, 8—12 die sogenannten Reinwerte. Die Reinwerte sind das, was dem Körper wirklich zugute kommt. Die Werte in 1—7 sind in den ersten beiden Auflagen zum großen Teil vom Reichsgesundheitsamt geliefert und in die 3. Auflage übernommen worden. Alle Werte sind sorgfältig aus der großen einschlägigen Literatur ausgesucht unter Beachtung der von den Untersuchern angewandten Methoden, der Herkunft des untersuchten Materials usw. Was hier unter Eiweiß zu verstehen ist, wurde auf S. 22 eindeutig gesagt.

Die Werte für Kohlenhydrate sind am unsichersten von allen. Sie sind als Differenz zwischen Gesamtgewicht und den übrigen Analysenwerten ermittelt, da es kein brauchbares Verfahren für die Bestimmung aller Kohlenhydrate in Lebensmitteln gibt.

Für den Zellulosegehalt der Nahrungsmittel hat Rubner erst in den letzten Jahren brauchbare Methoden geschaffen. Er spricht von Zellmembran. — Alle älteren Bestimmungen sind viel zu niedrig; sie mußten hier zum Teil noch eingesetzt werden.

Sowohl von dem Stickstoff (Eiweiß) wie von dem gesamten Wärmewert ist derjenige Anteil eines Lebensmittels abzuziehen, der den Körper mit dem Kot verläßt. Die Spalten 8—12 enthalten den anderen Anteil, der dem Körper tatsächlich zugute kommt: „Reinstickstoff“, „Reineiweiß“, „Reinkalorien“. Sie sind in vielen Fällen durch Ausnutzungsversuche am Menschen ermittelt (wobei das „Reineiweiß“ wieder durch Multiplikation des „Reinstickstoffes“ mit 6,25 erhalten wurde). Allerdings handelt es sich dabei zum Teil um andere Proben, als sie der chemischen Analyse zugrunde gelegt sind. Wo Ausnutzungsversuche fehlen, sind die Zahlen mit Hilfe sonst bekannter Werte errechnet worden.

In den folgenden Tabellen wird von dem unzubereiteten Lebensmittel, wie es im Handel ist, ausgegangen. Die mitgeteilten Analysenwerte beziehen sich aber vielfach auf den von den groben Abfällen befreiten eßbaren Anteil, also z. B. auf Fleisch ohne Knochen und ohne Sehnen, Fisch ohne Gräten, Eier ohne Schale, geschälte Kartoffeln, Nußkerne usw., was jeweils vermerkt ist. Soweit zuverlässige Angaben über die durchschnittliche Menge des Abfalles vorliegen, ist im Text darauf hingewiesen und in den Tabellen für die wichtigsten Fälle die Menge des verwertbaren Stickstoffes und der ausnutzbare Anteil des Wärmewertes unter Berücksichtigung dieser Menge für 100 g Gesamtgewicht des käuflichen Lebensmittels — also einschließlich der Abfälle — angegeben.

In den Tabellen mußten namentlich bei zusammengehörigen Lebensmitteln (wie Mehl, Brot oder Milch und Trockenmilch) vorgefundene Unstimmigkeiten durch kritische Umrechnung ausgeglichen werden. In anderen Fällen muß die Unsicherheit der Zahlen einstweilen in Kauf genommen werden. Wo es auf genaue Kenntnis der Zusammensetzung und des Wärmewertes einer Nahrung ankommt, wird es immer zweckmäßig sein, diese im Einzelfalle zu analysieren. Auch gewisse Unstimmigkeiten zwischen den Roh- und Reinwerten beruhen auf der wechselnden Zusammensetzung der geprüften Nahrungsmittel und sind daher unvermeidbar. Nahrungsmittel sind keine chemisch reinen Körper.

Tierische Nahrungsmittel.
Fleisch und Würste.

Als „Fleisch" im Sinne des täglichen Lebens wird das **Muskelfleisch der Schlachttiere** mit Bindegewebe, Fett und Sehnen angesehen. Der Nährwert des Fleisches ist in erheblichem Maße abhängig von dem durch die Art und Mast der Tiere bedingten Fettgehalt. Von Knochen, Fettgewebe und Sehnen befreites Kalb- und Rindfleisch haben höchstens 2% Fett, Hammelfleisch 2—4% Fett, Schweinefleisch dagegen 4—6%. Käufliches Fleisch vom Rind und Schwein ist mehr oder weniger mit Fettgewebe durchwachsen. Das Fettgewebe seinerseits besteht zur Hauptsache aus Fett (etwa 88—92%), Eiweiß enthält es nur in sehr geringen Mengen, daneben etwa 6—10% Wasser; sein Wärmewert beträgt in 100 g etwa 820—860 Kalorien. Wegen der großen Verschiedenheit des Nährwertes von Fleisch, je nach dem Fettgehalt, sind in der nebenstehenden Tabelle für die einzelnen Fleischarten Beispiele mit verschiedenem Fettgehalt ausgewählt.

Die biologische Wertigkeit (vgl. S. 25) des Fleischeiweißes ist hoch. Beim Kochen mit Wasser gehen etwa 15% des Stickstoffes in Lösung, die sog. Extraktivstoffe, die zwar geringen Nährwert haben, aber wichtig sind, weil sie zu den stärksten Erregern der Magensaftsekretion gehören (S. 48, 50, 51). Obwohl diese Verbindungen zum größten Teil wenig verändert im Harn wieder ausgeschieden werden, wird ihr Stickstoffgehalt in der Regel mit dem der Eiweißstoffe zusammengefaßt.

Antiskorbutisches Vitamin ist im Rindfleisch in gewissem Muskelfleisch vorhanden. Beim Erhitzen und beim Pökeln des Fleisches wird es zum Teil zerstört.

Kohlenhydrate (Glykogen) finden sich im Fleisch nur in geringen Mengen, am meisten noch in der Leber sowie im Pferdefleisch; von diesen abgesehen sind die Kohlenhydrate in der Tabelle weggelassen.

An Mineralstoffen sind im Fleisch vor allem Kalium und Phosphorsäure enthalten, auch geringe Mengen Calcium und Magnesium.

Der Anteil des Fleisches an Knochen, Knorpel, Sehnen u. dgl., die vor der Zubereitung abgetrennt, aber zum Teil noch zu Suppe verwendet werden, kann je nach der Herkunft des Fleischstückes zu etwa 10—35% des Gesamtgewichtes in Rechnung gesetzt werden.

	In 100 g des Lebensmittels (vgl. die Einleitung S. 70 u. 71)							Für den Menschen verwertbar				
	Stickstoff	Fett	Kohlenhydrate	Zellulose	Asche	Wasser	Wärmewert	Stickstoff	Eiweiß	Fett	Kohlenhydrate	Wärmewert
	g	g	g	g	g	g	Cal	g	g	g	g	Cal
	1	2	3	4	5	6	7	8	9	10	11	12
Fleisch v. Schlachttieren ohne Knochen u. Sehnen:												
Rindfleisch — fett	3,0	25	—	—	0,9	55	310	2,9	18	25	—	300
Rindfleisch — mittelfett	3,2	8	—	—	1,0	71	156	3,1	19	8	—	150
Rindfleisch — mager	3,3	4	—	—	1,1	74	123	3,2	20	4	—	115
Rindfleisch — von sichtbarem Fett befreit	3,5	2	—	—	1,1	75	109	3,3	21	2	—	103
Rindfleisch, gesalzen und geräuchert	4,3	15	—	—	10	48	250	4,1	25	15	—	237
Kalbfleisch — fett	3,0	11	—	—	1,0	69	180	2,9	18	11	—	171
Kalbfleisch — mager	3,5	3	—	—	1,1	74	118	3,3	21	3	—	111
Schaf-(Hammel-)fleisch — fett	2,7	29	—	—	0,9	53	340	2,6	16	29	—	330
Schaf-(Hammel-)fleisch — mager	3,2	4	—	—	1,1	75	119	3,1	19	4	—	111
Schweinefleisch — fett	2,5	34	—	—	0,8	49	382	2,4	15	34	—	362
Schweinefleisch — mager	3,3	7	—	—	1,1	71	151	3,2	20	7	—	140
Schinken, gesalzen, geräuchert u. gekocht[1]	4,0	36	—	—	15,5	28	437	4	25	36	—	420[1]
Lachsschinken (ohne sichtbares Fett)	3,6	3	—	—	3	71	122	3,5	22	3	—	108
Speck — fett (frisch)	0,4	85	—	—	1,7	10	802	0,4	2,7	85	—	780
Speck — durchwachsen[2] (gesalzen)	2,2	51	—	—	3,4	32	530	2,1	13	51	—	510[2]
Fettgewebe[1]	0,2	90	—	—	0,3	8	840	wenig	wenig	90	—	820
Pferdefleisch, mager	3,5	3	0,3—0,9	—	1,0	73	118	3,2	20	3	0,3—0,9	110

[1] Sehr schwankend je nach Fettgehalt. [2] Sehr schwankend.

Im Kleinverkauf ist die Menge Knochen, die als „Beilage" zum Fleisch gegeben wird, willkürlich, sie soll in der Regel nicht mehr als 20% des Gesamtgewichtes betragen. Die in der Tabelle gegebenen Zahlen gelten für Fleisch ohne Knochen und Sehnen. Die Knochen enthalten neben Salzen und Eiweiß etwa 10—20% Fett. Das Knochenmark besteht zu etwa 90% aus Fett. Sehnen, Fascien und Gefäße sind eiweißreich; dieses Eiweiß ist aber biologisch minderwertig.

„Dunkles" (Rind-, Hammel-, Wildfleisch) und „helles" oder „weißes" Fleisch (Kalb-, Lamm-, Ziegen-, Schweine-, Geflügelfleisch) sind für die Ernährung gleichwertig.

Von den **inneren Organen** haben Zunge, Herz, Niere etwa die Zusammensetzung eines ziemlich fetten Fleisches. Die Leber ist meist noch fettreicher und enthält außerdem Kohlenhydrate (Glykogen). Die inneren Organe sind viel vitaminreicher als das Muskelfleisch, enthalten auch mehr Nucleinsäure; die biologische Wertigkeit ist ebenso hoch wie die des Muskelfleisches.

Das **Fleisch von Wild und Geflügel** hat etwa die Zusammensetzung von Rindfleisch. Der Fettgehalt spielt bei Hühnern und namentlich bei Gänsen eine größere Rolle; bei Fettgänsen kann der eßbare Teil bis 45% Fett enthalten. Da man Geflügel als ganze Tiere zu kaufen pflegt, ist es wichtig, die Menge des Abfalls (Federn, Kopf, Füße, Darminhalt usw.) zu kennen. Er beträgt nach Atwater bzw. König:

beim Huhn etwa 42% (A.),
beim Puter etwa 23% (A.),
bei der Ente etwa 26% (A.), 28% (K.),
bei der Gans etwa 18% (A.), 27% (K.) des ganzen Tieres;

für den Abfall an Knochen muß man bei der bratfertigen Gans 10 bis 20% in Rechnung setzen. Für das Eßbare (Fleisch und Fett) bei Geflügel seien folgende Zahlen nach König als Beispiele angegeben:

	Bratfertiges Gewicht	Fleisch	Fett	Wärmewert
Fettes Haushuhn	720 g	500 g	37 g	850 Cal.
Mageres Hähnchen ...	611 g	435 g	wenig	446 „
Wildente	840 g	660 g	„	680 „
Fettgans	3050 g	1411 g	1060 g	11 300 „

Je nach der Art der Zubereitung beim Kochen oder Braten verliert das Fleisch mehr oder weniger an Wasser, Fett und Extraktivstoffen. Beim Kochen gibt es durchschnittlich 35—48% seines Gewichtes Wasser ab. Beim Ansetzen des Fleisches in kaltem Wasser sind die Verluste an Wasser und Extraktivstoffen wesentlich höher, als wenn das Fleisch unmittelbar in kochendes Wasser gebracht wird. Im ersten Falle erhält man eine geschmacklich bessere, d. h. an Extraktivstoffen reichere Fleischbrühe; es gehen dann etwa 3% der festen Stoffe

	In 100 g des Lebensmittels (vgl. die Einleitung S. 71)							Für den Menschen verwertbar				
	Stickstoff	Fett	Kohlenhydrate	Zellulose	Asche	Wasser	Wärmewert	Stickstoff	Eiweiß	Fett	Kohlenhydrate	Wärmewert
	g	g	g	g	g	g	Cal	g	g	g	g	Cal
	1	2	3	4	5	6	7	8	9	10	11	12
Innere Organe:												
von Hammel, Kalb, Rind — Lunge	2,9	3	—	—	1,2	78	102	2,8	17	3	—	95
von Hammel, Kalb, Rind — Herz ..	2,8	12	—	—	0,9	70	181	2,6	16	12	—	170
von Hammel, Kalb, Rind — Niere..	2,9	5	—	—	1,3	76	120	2,6	16	5	—	110
von Hammel, Kalb, Rind — Leber .	3,3	6	0,2 – 3,8	—	1,5	70	142	3,1	19	6	0,2 – 3,8	135
Kalbsmilch (Bries)	4,5	0,4	—	—	1,6	70	118	3,9	24	0,4	—	100
Kalbshirn (Bregen).....	1,4	9	—	—	1,4	81	120	1,3	8	9	—	110
Fleisch von Wild und Geflügel:												
Hasenfleisch	3,7	1	—	—	1,2	74	103	3,5	21	1	—	95
Hirschfleisch	3,3	4	—	—	1,0	73	123	3,1	19	4	—	110
Kaninchenfleisch — fett	3,2	19	—	—	1,1	60	259	3,1	19	19	—	245
Kaninchenfleisch — mager ..	3,4	1	—	—	1,3	77	95	3,2	20	1	—	85
Rehfleisch	3,2	2	—	—	1,1	76	101	3,1	19	2	—	90
Gänsefleisch[1], fett....	2,3	44	—	—	0,7	41	466	2,1	13	44	—	445
Hühnerfleisch[1] — fett	3,1	9	—	—	0,9	70	162	3,0	18	9	—	152
Hühnerfleisch[1] — mager	3,4	1	—	—	1,3	76	95	3,2	20	1	—	85
Büchsenfleisch:												
Amerik. Corned beef — fettreich	4,0	19	—	—	3,7	52	279	3,8	24	19	—	270
Amerik. Corned beef — fettarm, gesalzen	3,5	5	—	—	17	55	137	3,3	20	5	—	125

[1]) Wegen der Abfälle S. 74.

in die Brühe, darunter 15% des Stickstoffes. Der Nährwert dieser Stoffe und infolgedessen auch der Fleischbrühe ist gering. Nach Schwenkenbecher werden aus 100 g rohem Fleisch nach dem Kochen erhalten:

beim Rindfleisch........ 57 g   beim Schweinefleisch . 70 g
beim Kalbfleisch .... 72 g   beim Hühnerfleisch .. 63 g
beim Hammelfleisch .... 62 g   beim Fischfleisch .... 90—95 g.

Doch schwanken diese Zahlen stark.

Beim Braten wird das Fleisch in der Regel mit zugesetztem Fett erhitzt, dabei bleiben die Extraktivstoffe im Fleisch, und der Wasserverlust ist geringer. Der Wohlgeschmack des gebratenen Fleisches ist besonders darauf zurückzuführen, daß es den Fleischsaft nicht oder nur in geringem Maße verloren hat; nur geringe Mengen Eiweißstoffe und Fett werden durch Bildung der sog. Kruste zerstört, die aber durch ihre Magensaft treibende Wirkung wichtig ist (S. 50). Für gebratenes Fleisch lassen sich genaue Werte der Zusammensetzung und des Wärmewertes nicht angeben.

Schwenkenbecher rechnet für:

100 g leichtgebratenes Fleisch 25 g Eiweiß und 130 Kalorien,
100 g durchgebratenes Fleisch 35 g Eiweiß und 150—230 Kalorien.

Schwankend ist auch die Zusammensetzung der **Fleischkonserven,** des Schinkens, der Rauchfleischsorten usw. Der Wasserverlust beim Räuchern von Schinken ist nicht groß, der sog. gekochte Schinken hat noch erheblich höheren Wassergehalt als gekochtes Fleisch. Der Fettgehalt des Schinkens schwankt in weiten Grenzen.

Beim Pökeln erleidet das Fleisch einen nicht unerheblichen Verlust an Nährstoffen, indem Eiweiß, Extraktivstoffe und Salze in die Pökellake übergehen. Der Wassergehalt des Fleisches nimmt bei der Trockenpökelung immer ab, bei der Pökelung in Lake kann er je nach den Bedingungen zu- oder abnehmen. Die Verwendung des Salpeters beim Pökeln bewirkt die rote Färbung des Fleisches.

Bei den **Würsten** schwankt der Nährwert besonders stark, weil sie aus mannigfaltigen tierischen Rohstoffen in wechselndem Mengenverhältnis hergestellt werden. Nach den Hauptbestandteilen unterscheidet man: Leberwurst, Blutwurst, Sülzwurst, Fleischwürste; zu diesen gehören Kochwürste und Dauerwürste. Wegen ihres geringen Wassergehaltes und meist höheren Fettgehaltes haben Dauerwürste, z. B. Zervelatwurst, Salami, Mettwurst, den höchsten Nährwert. In der Tabelle sind für die verschiedenen Wurstsorten Beispiele angegeben, die durchaus keine allgemeine Gültigkeit beanspruchen.

Der Nährwert aller dieser Dauerwaren ist hoch, sofern sie einwandfrei, z. B. nicht zu wässerig, hergestellt sind, und ihre Verdaulichkeit ist ebensogut wie die von frischem Fleisch.

	In 100 g des Lebensmittels (vgl. die Einleitung S. 70 und 71)							Für den Menschen verwertbar				
	Stickstoff	Fett	Kohlenhydrate	Zellulose	Asche	Wasser	Wärmewert	Stickstoff	Eiweiß	Fett	Kohlenhydrate	Wärmewert
	g	g	g	g	g	g	Cal	g	g	g	g	Cal
	1	2	3	4	5	6	7	8	9	10	11	12
Würste:												
Leberwurst { beste Sorte ..	2,2	33	Spur	—	2,7	50	364	1,9	12	33	Spur	340
mittlere Sorte	2,2	23	,,	—	2,7	60	271	1,9	12	23	,,	250
geringe Sorte .	2,1	10	,,	—	2,7	74	146	1,8	11	10	,,	130
Blutwurst { beste Sorte ..	2,2	32	—	—	2,7	51	355	1,9	12	32	0	330
geringe Sorte .	3,5	1	—	—	2,6	74	100	3,2	20	1	0	90
Wiener Würstchen	2,2	14	—	—	3,3	69	188	2,0	12	14	0	170
Frankfurter Würstchen	1,9	35	—	—	5,1	47	374	1,6	10	35	0	350
Zervelatwurst	3,8	46	—	—	5,9	24	526	3,6	22	46	0	500
Salamiwurst (Hartwurst)	4,5	48	—	—	6,7	17	560	4,2	26	48	0	530
Mettwurst	3,0	41	—	—	4,8	35	459	2,8	17	41	0	430

Gefrierfleisch. Durch das Einfrieren des Fleisches der Schlachttiere bei Temperaturen von etwa 6—10° unter Null in bewegter Luft erleidet das Fleisch in seiner Struktur gewisse physikalisch-chemische Veränderungen, die bei sachgemäßem Auftauen fast vollständig wieder zurückgehen, und verliert beim Lagern etwas Wasser[1]. Das Auftauen des Gefrierfleisches, bevor es für die Küche verwertet wird, muß langsam, zweckmäßig bei einer mittleren Temperatur von 5—6° und in großen Stücken erfolgen, um größere Verluste an Fleischsaft, die sonst bis zu 15% betragen können, zu vermeiden.

Sachgemäß behandeltes Gefrierfleisch ist für die Ernährung des Menschen frischem Fleisch vollständig gleichwertig. Vorurteile dagegen sind um so weniger begründet, als das ausländische Gefrierfleisch häufig von besser gemästeten Tieren stammt als das einheimische frische. Wie R. O. Neumann[2] festgestellt hat, ist auch die Herkunft und die Gewinnung des Gefrierfleisches hygienisch einwandfrei. Die Einfuhr von Gefrierfleisch sollte daher in jeder Weise gefördert werden.

---

[1] Kallert: Untersuchungen über Gefrierfleisch. Berlin: 1925.

[2] Neumann, R. O.: Argentinisches Gefrierfleisch. Berlin: Julius Springer 1925.

Fische.

Von den Fischen haben die fettarmen (Schellfisch, Kabeljau, Flunder, Hecht, Schleie) einen Eiweißgehalt von 15—18%, einen Fettgehalt von 0,5—1% und weniger, d. h. etwa die Zusammensetzung von sehr magerem Kalbfleisch mit nur 70—80 Kalorien in 100 g.

Der Nährwert der fetten Fische (Hering, Karpfen, Lachs, Aal) ist erheblich größer. Er beträgt bei einem Gehalt von 12—20% Eiweiß und 7—28% Fett etwa 130—300 Kalorien.

Die Menge des Abfalles ist bei den Fischen schwankend; sie kann durchschnittlich bei ganzen Fischen zu 50%, bei ausgenommenen Fischen mit Kopf zu 30%, bei ausgenommenen Fischen ohne Kopf zu 16% angenommen werden. Bei Aal beträgt der Abfall nur etwa 25%. Die Abfallmengen sind in nebenstehender Tabelle jeweils durch besondere Angaben berücksichtigt. Beim Kochen und Braten erleidet das Fischfleisch einen Gewichtsverlust, der hauptsächlich durch die Abgabe von Wasser bedingt ist. Beim Räuchern, Salzen, Marinieren oder Trocknen verlieren Fische einen gewissen Anteil an Nährstoffen. Trotzdem haben diese Fischdauerwaren, auf 100 g berechnet, einen höheren Nährwert als die entsprechenden frischen Fische, da bei allen diesen Zubereitungsweisen der Wassergehalt verringert, meistens auch ein Teil der Abfallstoffe beseitigt wird. Zum Räuchern werden die Fische, und zwar Hering und Sprotten unmittelbar, Aal, Flunder, Schellfisch nach Entfernung von Eingeweiden, meistens in Salzlösung gelegt, über Holzfeuer getrocknet und dann der Einwirkung des Rauches ausgesetzt. Durch diese Behandlung wird den Fischen Wasser, häufig auch etwas Fett, das in der Wärme abtropft, entzogen. Beim Einsalzen oder Pökeln tritt unter Aufnahme von Kochsalz hauptsächlich Wasser aus dem Fischfleisch aus. Daneben gehen jedoch auch Stickstoffverbindungen und Mineralstoffe verloren. Zum Marinieren werden gepökelte Fische in essig- und gewürzhaltige Brühen eingelegt. Ölsardinen, Tunfisch in Öl enthalten reichlich leichtverdauliches Fett.

Fische können durch Tiefkühlung unter Erhaltung aller ihrer für die Ernährung wichtigen Eigenschaften monatelang aufbewahrt werden.

Zur Bereitung von Stockfisch werden fettarme Fische, hauptsächlich Schellfisch, Kabeljau, Dorsch, von Kopf und Eingeweiden befreit und an der Luft getrocknet, bis sie hart geworden sind. Werden diese Fische vor der Trocknung zerlegt und gesalzen, so heißen sie Klippfisch. Klippfisch ist durch die Salzung gegen den Befall durch tierische Schädlinge geschützt. Klippfisch und Stockfisch müssen vor dem Verbrauch zur Wiederaufquellung der Fleischfaser gründlich gewässert werden, wobei etwa 12% der Stickstoffverbindungen und auch ein Teil der Mineralstoffe des Fischfleisches verlorengehen. Stockfisch enthält beide fettlöslichen Vitamine (vgl. S. 42).

	In 100 g des Lebensmittels (vgl. die Einleitung S. 70)							Für den Menschen verwertbar				
	Stickstoff	Fett	Kohlenhydrate	Zellulose	Asche	Wasser	Wärmewert	Stickstoff	Eiweiß	Fett	Kohlenhydrate	Wärmewert
	g	g	g	g	g	g	Cal	g	g	g	g	Cal
	1	2	3	4	5	6	7	8	9	10	11	12
Seefische:												
Hering	2,5	8	—	—	1,4	75	140				—	
nach Abzug von 50% Abfall:								1,1	7	8		65
Scholle, Flunder	2,5	1	—	—	1,1	82	75				—	
nach Abzug von 50% Abfall:								1,1	7	1		33
Schellfisch, Kabeljau, Dorsch	2,6	0,3	—	—	1,3	82	68				—	
nach Abzug von 50% Abfall:								1,1	7	0,3		30
Flußfische:												
Aal	1,9	28	—	—	0,9	58	309				—	
nach Abzug von 25% Abfall:								1,4	9	28		225
Karpfen	2,7	9	—	—	1,2	73	154					
nach Abzug von 50% Abfall:								1,3	8	9	—	70
Hecht, Schleie, Zander	2,9	0,4	—	—	1,2	80	77					
nach Abzug von 50% Abfall:								1,4	8	0,4	—	35
Fischdauerwaren:												
Flunder, geräuchert ...	3,7	1	—	—	3,4	72	103					
nach Abzug von 50% Abfall:								1,7	11	1	—	50
Bückling (geräuch. Hering)	3,2	10	—	—	2,8	67	175					
nach Abzug von 40% Abfall:								1,7	11	10	—	90
Salzhering (Pökelhering) .	3,2	17	—	—	14	48	240					
nach Abzug von 30% Abfall:								2,1	13	17	—	155
Hering, mariniert	3,0	15	—	—	4,9	61	218					
nach Abzug von 20% Abfall:								2,2	14	15	—	160
Stockfisch (getrockneter Schellfisch oder Dorsch) .	13	3	—	—	5,7	15	343					
nach Abzug von 20% Abfall:								9	56	3	—	250
Klippfisch (gesalzener und getrockneter Schellfisch oder Dorsch).........	6,9	2	—	—	21	34	195					
nach Abzug von 20% Abfall:								5	31	2	—	140
Stockfisch, gewässert ..	3,1	1	—	—	0,5	79	87					
nach Abzug von 20% Abfall:								2,2	14	1	—	63
Klippfisch, gewässert ..	4,3	1	—	—	0,7	72	120					
nach Abzug von 20% Abfall:								3,2	20	1	—	90
Dorschrogen, gesalzen (sogen. Dorschkaviar)...	2,6	3	3,0	—	15	63	106	2,4	15	3	3,0	100

Eier.

Die chemische Zusammensetzung des Weißeies (Eiklars) und des Eidotters ist im wesentlichen bei allen Vogeleiern dieselbe und sehr gleichmäßig. Verschieden sind nur die Größe und das Gewicht der Eier. Auch das Verhältnis von Eiklar, Eidotter und Schale ist sowohl bei verschiedenen Vögeln als auch bei den einzelnen Individuen derselben Art einigen Schwankungen unterworfen. Als Nahrungsmittel kommen fast nur die Hühnereier in Betracht, hier und da auch Enten-, Gänse- und Puteneier, an den Küsten die Eier der Seevögel, von denen z. B. die der Möwen und Kiebitze als Leckerbissen gelten.

Das Weiße der Eier besteht der Hauptsache nach aus einer wässerigen Eiweißlösung. Der Eidotter enthält nicht nur mehr Eiweiß als das Eiklar, sondern außerdem noch reichlich Fett (etwa 20%), Cholesterin (1,5%), Phosphatide (Glycerinphosphorsäure, Lecithin, etwa 10%); das in der Tabelle angegebene „Fett" stellt die Summe dieser Bestandteile dar. Das Eiweiß der Eier ist hochwertig. Eiweiß und Fett werden gut ausgenutzt (zu 97 bzw. 95%). Für Kinder sind Eier sehr wichtig.

Eier enthalten reichlich alle Vitamine.

Das Gewicht der Hühnereier schwankt zwischen 30 und 72 g; ein Ei mittlerer Größe von 52 g besteht aus:

$$6 \text{ g} = 12\% \text{ Schale,}$$
$$30 \text{ g} = 58\% \text{ Eiklar (Weißei),}$$
$$16 \text{ g} = 30\% \text{ Eigelb.}$$

Vom Inhalt dieses „mittleren" Eies (46 g) berechnen sich 6,0 g ausnutzbares Eiweiß und 4,8 g ausnutzbares Fett, was etwa 70 Kalorien entspricht. Von dem Fett sind etwa 1,5 g Phosphatide.

Bei Gänseeiern sind 10—14%, bei Enteneiern 10—13% Schale zu berücksichtigen. Für ein Gänseei von 150 g (etwa dreimal so schwer wie ein Hühnerei) ergeben sich etwa 17 g ausnutzbares Eiweiß und etwa 210 Kalorien.

Verglichen mit anderen eiweiß- und fetthaltigen Nahrungsmitteln ist der Wärmewert eines Hühnereies nicht höher als der von etwa 45 g mittelfettem Fleisch. Ferner enthält ein Ei an verdaulichem Eiweiß und Fett etwa ebensoviel als 200 g Kuhmilch, sehr hoch ist der Vitamingehalt. Die Kinder mögen es gerne.

Der Sättigungswert von Eiern ist hoch. Weichgekochte Eier sind leichter verdaulich als hartgekochte und haben einen geringeren Sättigungswert. Rührei und gequirltes Ei, auch mit Zusatz von Zucker, Salz, Gewürzen, gelten als leicht verdaulich.

	In 100 g des Lebensmittels (vgl. die Einleitung S. 70)							Für den Menschen verwertbar				
	Stickstoff	Fett	Kohlenhydrate	Zellulose	Asche	Wasser	Wärmewert	Stickstoff	Eiweiß	Fett	Kohlenhydrate	Wärmewert
	g	g	g	g	g	g	Cal	g	g	g	g	Cal
	1	2	3	4	5	6	7	8	9	10	11	12
Eier:												
Eier ohne Schale	2,2	11	0	—	0,9	74	162	2,1	13	11	0	150
1 Ei mittlerer Größe (50 g Inhalt)	—	—	0	—	—	—	—	1	6,5	—	0	75
Eiklar (Weißei)	2,1	0,3	0	—	0,6	86	59	1,9	12	0,3	0	50
Eigelb	2,6	31	0	—	1,2	51	356	2,5	15	31	0	340
Trockenvollei	8,0	40	0	—	3,3	5	585	7	46	40	0	550
Trockenweißei	13,6	2	0	—	3,9	5	383	12	80	2	0	370
Trockeneigelb	5,0	60	0	—	2,3	5	689	4,5	28	60	0	650
Gesalzenes Eigelb	2,3	28	0	—	10,2	46	323	2,2	14	28	0	300

In zweckmäßig hergestelltem Trockenei sind die Nährstoffe nicht wesentlich verändert, so daß es als Ersatz der Eier in der Küche verwendet werden kann. Flüssige Dauer-Ei-Erzeugnisse enthalten oft Konservierungsmittel, z. B. Borsäure, in beträchtlichen Mengen.

Milch und Milcherzeugnisse.

Kuhmilch. Für Kuhmilch liegen Analysen von R u b n e r mit direkter Bestimmung des Wärmewertes und der Ausnutzung vor. Der bessere der Versuche ergab folgende Werte für 100 ccm:

Wasser	Roheiweiß	Reineiweiß	Fett
87,65 g	3,25 g	3,02 g	3,26 g

Kohlenhydrate	Asche	Wärmewert	
		Rohkalorien	Reinkalorien
4,4	0,75 g	66	62,5

Die sehr zahlreich veröffentlichten sonstigen Analysen ergeben im Durchschnitt ähnliche Werte, wobei nur der Fettgehalt stärker schwankt. Wo behördliche Mindestsätze für den Fettgehalt der Milch bestehen, hat die in den Verkehr kommende Milch in der Regel nur den festgesetzten Mindestfettgehalt. Die Zusammensetzung einer Milch mit 2,7% Fett, die leider den Mindestanforderungen vieler Städte entspricht, ist in nebenstehender Tabelle an zweiter Stelle angegeben.

Von dem Eiweiß der Kuhmilch sind etwa 80% Kasein, 15% Albumin und andere Eiweißkörper und 5—6% sonstige Stickstoffverbindungen. Die Ausnutzung ist bei Kindern und Erwachsenen gleich gut. Von den Eiweißstoffen ist das Milchalbumin der biologisch höchstwertige, der überhaupt bekannt ist. Die Summe der Milcheiweißstoffe kommt im biologischen Wert etwa dem Fleischeiweiß gleich.

Milch enthält alle Vitamine reichlich. Ihr Fett ist bei uns die Hauptquelle für die fettlöslichen Vitamine. Ihr Gehalt an Vitamin A wechselt je nach Fütterung der Kühe stark; er ist am höchsten, wenn die Kühe frisches Gras fressen und im Freien auf der Weide sind. Im Winter ist besonntes Heu wichtig. Die Gewinnung der Milch ist in Deutschland noch außerordentlich verbesserungsfähig. Wirklich sauber gewonnene Milch ist haltbar und braucht nicht gekocht zu werden. Vgl. S. 46. Auch Verfälschung mit Magermilch ist häufig, und die Hygiene der Aufbewahrung ist mangelhaft.

Saure Milch (dicke Milch). Beim Sauerwerden (Dickwerden) der Milch durch die Wirkung der Milchsäurebakterien wird etwa $^1/_4$ des Milchzuckers in Milchsäure übergeführt. Der Nährstoffgehalt wird dadurch nur unwesentlich herabgesetzt. Über die Bedeutung der sauren Milch vgl. S. 52.

Rahm (Sahne). Der Wert des Rahms ist hauptsächlich durch seinen Fettgehalt bedingt. Herkömmlich wird bei Rahm oder Sahne ohne nähere Bezeichnung und bei „Kaffeesahne" ein Fettgehalt von mindestens 10%, bei Schlagsahne von mindestens 25% erwartet. Sahne enthält sehr viel fettlösliche Vitamine.

	In 100 g des Lebensmittels (vgl. die Einleitung S. 70)							Für den Menschen verwertbar				
	Stickstoff	Fett	Kohlenhydrate	Zellulose	Asche	Wasser	Wärmewert	Stickstoff	Eiweiß	Fett	Kohlenhydrate	Wärmewert
	g	g	g	g	g	g	Cal	g	g	g	g	Cal
	1	2	3	4	5	6	7	8	9	10	11	12
Milch und Milcherzeugnisse:												
Frauenmilch	0,15 —0,3	2—4	6—7	—	0,2 —0,3	87 —90	48 —74	0,15 —0,3	1—2	2—4	6—7	45 —70
Kuhmilch (Vollmilch) fettreich .	0,53	3,4	4,7	—	0,75	88	65	0,5	3,1	3,4	4,7	63
Kuhmilch (Vollmilch) fettärmer.	0,52	2,7	4,5	—	0,75	89	57	0,5	3,1	2,7	4,5	54
Rahm	0,53	10	4,0	—	0,6	82	123	0,5	3,1	10	4,0	120
Magermilch	0,53	0,1	4,7	—	0,7	91	34	0,5	3,0	0,1	4,7	30
Buttermilch	0,53	0,5	4,7	—	0,7	91	38	0,5	3,0	0,5	4,7	33
Molke	0,10	0,1	5,0	—	0,6	94	24	0,1	0,6	0,1	5,0	20
Kondensierte Milch (auf etwa ½ eingeengt)....	0,9	7	9	—	1,5	77	128	0,8	5	7	9	120
(auf etwa ⅓ eingeengt)....	1,4	9	13	—	1,9	67	174	1,3	8	9	13	168
gezuckert (auf etwa ⅓ eingeengt)	1,4	9	53	—	1,9	27	338	1,3	8	9	53	325
Kond. Magermilch (auf etwa ⅓ eingeengt) ...	1,9	0,3	16	—	2,5	69	118	1,8	11	0,3	16	110
gezuckert (auf etwa ⅓ eingeengt)...............	1,9	0,3	55	—	2,5	30	277	1,8	11	0,3	55	268
Trockenmilch	4,2	26	37	—	5,4	5	500	3,7	23	26	37	475
Trockenmagermilch ..	5,7	1,0	50	—	7,5	5	362	5,5	34	1,0	50	350
Ziegenmilch	0,63	3,6	4,3	—	0,8	87	68	0,6	4	3,6	4,3	63

Magermilch, die durch Entrahmung von Vollmilch entsteht, ist infolge des Fettverlustes im Nährwert um etwa 40—50% geringer als Vollmilch; sie enthält nur noch wenig Vitamine.

Buttermilch, die bei Verbutterung von Rahm zurückbleibende Flüssigkeit, steht in Zusammensetzung und Nährstoffgehalt der Magermilch nahe, schmeckt aber besser.

Molke, die bei der Käsebereitung zurückbleibende Flüssigkeit, enthält von Stickstoffverbindungen vorwiegend Milchalbumin; ihr wesentlichster Bestandteil ist der Milchzucker; ein Teil von diesem ist in Milchsäure übergeführt. Der Nährwert der Molke ist gering.

Kondensierte Milch. Der Wert der kondensierten Milch ist außer von dem Fettgehalt der ursprünglichen Milch noch wesentlich von der Stärke der Eindickung, d. h. der Wasserentziehung, abhängig, für die in Deutschland zur Zeit keine Vorschriften bestehen. Häufig ist der Eindickungsgrad aus der Angabe der Beschriftung, mit wieviel Wasser das Erzeugnis zu verdünnen ist, zu ersehen. In vorstehender Tabelle sind Zusammensetzung und Wärmewert von auf die Hälfte eingedickter Milch und von auf $^1/_3$ eingedickter Milch und Magermilch, ohne und mit Zuckerzusatz, angegeben. Amerikanische kondensierte Milch hat in der Regel einen Fettgehalt von etwa 8%. Der Zuckerzusatz beträgt bei kondensierter Milch etwa 12 kg auf 100 kg Milch. Das ungezuckerte Erzeugnis enthält im allgemeinen mehr als doppelt soviel Wasser wie das gezuckerte und ist von geringerer Haltbarkeit; es wird deshalb meistens sterilisiert in den Verkehr gebracht.

Kondensierte Milch ist für die Ernährung weniger wertvoll als frische Milch, weil ihr die Vitamine fehlen. Auch sagt der Geschmack nicht allen zu. Bei ihrer hohen Konzentration dient sie öfters als Sahneersatz.

Trockenmilch. Die Trocknung von Milch erfolgt im allgemeinen entweder durch Aufbringen auf heiße Walzen oder durch Zerstäubung und Einwirkung von heißer Luft auf die zerstäubte Milch. In Deutschland wird meist das Krause-Verfahren angewandt, bei dem die Milch durch die Schleuderkraft einer sich schnell drehenden Scheibe zerstäubt und dann durch einen mäßig warmen Luftstrom getrocknet wird. Vor der Trocknung wird die Milch häufig erst eingedickt.

Die Abtötung etwaiger Krankheitskeime der Milch findet bei der Verarbeitung zu Trockenmilch nicht immer statt, sie kann aber bei dem Auflösen der Trockenmilch nachträglich durch Aufkochen erzielt werden.

Der Gehalt an Eiweiß, Fett und Kohlenhydraten hängt von der Zusammensetzung der Ausgangsmilch ab. Der Verlust im Kot war nach Rubner bei Krause-Milchpulver 5,0% des Stickstoffs, 3,4% des Wärmewertes; bei einer anderen Trockenmilch 5,9% des Stickstoffs, 4,9% des Wärmewertes.

Wohlgeschmack, Bekömmlichkeit und Vitamine sind in guter Trockenmilch erhalten; sie läßt sich in Wasser leicht und vollständig zu einem Getränk auflösen, das, besonders in aufgekochtem Zustande, von frischer Milch kaum zu unterscheiden ist. Die Milchtrocknung kann daher sehr wertvoll sein.

Die Haltbarkeit ist bei den verschiedenen Trockenmilcherzeugnissen ungleich; sie wird durch Luftzutritt, Feuchtigkeit, Licht und Wärme ungünstig beeinflußt. Unter günstigen Umständen kann Trockenmilch monatelang unverändert bleiben. Trockenmagermilch ist im allgemeinen länger haltbar als Trockenvollmilch.

Frauenmilch. Die Analysenergebnisse der Frauenmilch schwanken bedeutend mehr als die der Kuhmilch, besonders im Fettgehalt, was mit den Untersuchungsschwierigkeiten zusammenhängt. Von dem Stickstoff der Frauenmilch sind 17% Extraktivstickstoff, von dem Eiweiß fast die Hälfte Albumin; infolgedessen ist die biologische Wertigkeit noch höher als bei der Kuhmilch, und der Säugling setzt $^1/_3$ bis zur Hälfte der Stickstoffverbindungen an. Ebenso sind die Salze in ganz besonderer Weise an die Bedürfnisse des Säuglings angepaßt. Wenn statt der Frauenmilch Kuhmilch gegeben wird, müssen erheblich mehr Eiweiß und Salze zugeführt werden, um den gleichen Ansatz zu erzielen, bei Mehl und anderer unphysiologischer Nahrung noch viel mehr. Der Gehalt der Frauenmilch an Vitaminen ist verhältnismäßig gering.

Ziegenmilch. Ziegenmilch ähnelt in ihrer Zusammensetzung der Kuhmilch, enthält jedoch etwas mehr Fett und Albumin. Als ausschließliche Säuglingsnahrung ist sie nicht verwendbar.

Käse.

Käse wird aus Milch, Rahm, teilweise oder vollständig entrahmter Milch (Magermilch) durch Lab oder durch Säuerung abgeschieden. Er besteht daher in der Hauptsache aus den Eiweißstoffen und dem Fett der Milch, neben sonstigen Milchbestandteilen (phosphorsaurem Kalk) und mehr oder weniger großen Mengen Wasser.

Man unterscheidet im allgemeinen nach dem Fettgehalt der verwendeten Milch: Rahmkäse, vollfetten Käse, halbfetten Käse, Magerkäse (einzelne Käsesorten können in verschiedenen Fettstufen vorkommen); ferner nach der Konsistenz: Weichkäse und Hartkäse; bei jenen wird die Molke nicht so weitgehend abgepreßt, die Weichkäse enthalten daher mehr Wasser als die Hartkäse. Daraus darf aber nicht ohne weiteres der Schluß gezogen werden, daß Weichkäse weniger Nährwert besitzt, denn hierbei spielt der Fettgehalt eine wesentliche Rolle; man vergleiche in dieser Hinsicht die Wärmewerte eines weichen Rahmkäses, z. B. Gervais, und eines halbfetten harten Käses, z. B. halbfetten Edamer, in der Tabelle.

Sofern Käse nicht in frischem Zustande als Quark genossen wird, unterliegt er unter Mitwirkung von Bakterien einer weitgehenden „Reifung", wobei die Bestandteile der Käsemasse eine Umsetzung erleiden. Der Milchzucker wird in Milchsäure und noch weiter gespalten, Kohlenhydrate sind daher in reifem Käse nicht mehr vorhanden; die Eiweißstoffe werden zum Teil in Aminosäuren und darüber hinaus, das Milchfett wird zum Teil in Fettsäuren und Glyzerin und noch weiter abgebaut, und es bilden sich die den reifen Käsen eigentümlichen aromatischen Geruchs- und Geschmacksstoffe.

Trotz der starken Veränderung der Nährstoffe im Käse durch die Bakterienwirkung stimmt nach Untersuchungen von Zuntz der aus der Zusammensetzung in der üblichen Weise berechnete Wärmewert gut mit dem unmittelbar bestimmten überein. Die Verbrennungswärme der organischen Säuren usw., die aus dem Milchzucker entstanden sind, kommt also wenig in Betracht.

Die biologische Wertigkeit des Käseeiweißes ist nicht sehr hoch, sie ist mindestens um $^1/_3$ geringer als die des Milcheiweißes, weil gerade die wichtigen Aminosäuren durch die Bakterienwirkung angegriffen werden.

Der Vitamingehalt des Käses ist abhängig von seinem Fettgehalt.

Die Mineralstoffe der Käse bestehen, abgesehen von dem bei der Herstellung zugesetzten Kochsalz, hauptsächlich aus Kalziumphosphat; z. B. enthält Schweizerkäse mehr als 0,5% seines Gewichtes an Kalzium.

	In 100 g des Lebensmittels (vgl. die Einleitung S. 70)							Für den Menschen verwertbar				
	Stickstoff	Fett	Kohlenhydrate	Zellulose	Asche	Wasser	Wärmewert	Stickstoff	Eiweiß	Fett	Kohlenhydrate	Wärmewert
	g	g	g	g	g	g	Cal	g	g	g	g	Cal
	1	2	3	4	5	6	7	8	9	10	11	12
Käse:												
Rahmkäse												
wie z. B. Gervais, Neufchâteller, Brie, Stilton .	2,6	37	(1,7)	—	2,9	42	416	2,4	15	37	(1,7)	395
Fettkäse (vollfetter Käse)												
wie z. B. vollfetter Camembert, Edamer, Emmentaler, Schweizer, Gouda, Münster,Tilsiter	4,2	30	(2,1)	—	4,6	37	394	3,9	24	30	(2,1)	375
Halbfettkäse												
wie z. B. halbfetter Camembert, Edamer, Gouda, Limburger, Parmesan, Romadur, Tilsiter	5,0	14	(2,5)	—	5,9	46	267	4,7	29	14	(2,5)	250
Magerkäse												
wie z. B. Handkäse, Harzer, Thüringer, Nieheimer, Mainzer, Bierkäse,ferner magere Limburger, Romadur u. dgl.	6,1	2	(3,0)	—	4,4	52	186	5,5	35	2	(3,0)	167
Quark	3,1	0,6	(2,3)	—	1,5	77	94	2,8	18	0,6	(2,3)	85

Bei dem hohen Eiweißgehalt muß man die Bedeutung des Käses für die Ernährung als sehr groß bezeichnen. Die Ausnutzung sowohl des Stickstoffs wie der gesamten Trockenmasse ist sehr gut, besser als bei Milch. Der Käse ist ein beliebtes und wichtiges Nahrungsmittel. Besonders wird er der Zerealiennahrung in allen Ländern als Eiweiß- und Fettträger hinzugesetzt.

Speisefette und Speiseöle.

Die Speisefette und Speiseöle sind teils tierischer, teils pflanz-
licher Herkunft. Zu jenen gehören unter anderen Butter, Schweineschmalz, Rinderfett (Rindertalg), Hammelfett (Hammeltalg), Gänse-
schmalz, gehärteter Tran, zu diesen z. B. Kokosfett, Palmkernfett,
Olivenöl, Baumwollsamenöl, Erdnußöl, Sesamöl, Mohnöl. Zur Herstellung von Margarine und Kunstspeisefett werden meist tierische und
pflanzliche Fette gemischt; manche Margarinesorten enthalten nur
Pflanzenfette.

Während alle übrigen genannten Speisefette nur Spuren (höchstens
0,5%) Wasser enthalten, sind Butter und Margarine innige Gemische
von Fett und wässeriger Flüssigkeit; sie dürfen nach den gesetzlichen
Vorschriften in gesalzenem Zustand nicht mehr als 16%, ungesalzen
nicht mehr als 18% Wasser enthalten. Der Nährwert des wasserfreien
Schmalzes ist daher größer als der einer gleichen Gewichtsmenge wasser-
haltiger Butter oder Margarine. Die Menge der Eiweißstoffe in Butter
oder Margarine ist so gering, daß sie für den Stickstoffgehalt der Nahrung
kaum ins Gewicht fällt. Sie spielen aber beim Geschmack und beim
Braten eine Rolle, ebenso die kleinen Mengen Milchzucker aus der
Milch. Die Geschmacksstoffe in Butter und Öl sind für die Küche sehr
wichtig und unersetzlich.

Butter, Gänse-, Rinder- und Walroßfett enthalten fettlösliche Vita-
mine, der Gehalt schwankt je nach der Fütterung; besonders reich an
Vitamin ist z. B. die von Natur aus gelb gefärbte sog. Grasbutter. Der
Vitamingehalt der Margarine ist an sich nicht nennenswert, manchen
Margarinesorten sind aber Vitamine zugesetzt. Im Schweinefett fehlt
es ganz oder nahezu ganz, desgl. in den pflanzlichen Ölen und Fetten
(Palmin, Kokosfett usw.). Auch gehärteter Tran ist vitaminfrei.

Speisefette sind im allgemeinen um so leichter verdaulich, je weicher
sie sind, d. h. je niedriger ihr Schmelzpunkt liegt. Alle Fette werden
vom gesunden Menschen nahezu vollständig verdaut.

	In 100 g des Lebensmittels (vgl. die Einleitung S. 70)							Für den Menschen verwertbar				
	Stickstoff	Fett	Kohlenhydrate	Zellulose	Asche	Wasser	Wärmewert	Stickstoff	Eiweiß	Fett	Kohlenhydrate	Wärmewert
	g	g	g	g	g	g	Cal	g	g	g	g	Cal
	1	2	3	4	5	6	7	8	9	10	11	12
Speisefette u. Speiseöle:												
Butter { ungesalzen...	0,13	84,5	0,5	—	0,2	14,0	791	0,1	<1	84,5	0,5	785
Butter { gesalzen.....	0,10	83,8	0,5	—	2,0	13,2	784	0,1	<1	83,8	0,5	780
Butterschmalz	0,02	99,5	—	—	0,2	0,3	926	0	0	99,5	—	920
Schweineschmalz	0,02	99,5	—	—	0,1	0,3	926	0	0	99,5	—	920
Talg (Rinder-, Hammel-) .	0,02	99,5	—	—	0,1	0,2	926	0	0	99,5	—	920
Lebertran	0,02	99,5	—	—	0,1	0,2	926	0	0	99,5	—	920
Margarine { ungesalzen..	0,08	83	0,5	—	0,2	16	776	0,1	<1	83	0,5	770
Margarine { gesalzen ..	0,08	82	0,5	—	2,0	15	767	0,1	<1	82	0,5	760
Margarineschmalz	0,02	99	0,1	—	0,2	0,5	922	0	0	99	0,1	915
Kunstspeisefett	0	99	—	—	0,4	0,5	921	0	0	99	—	915
Pflanzenfette wie Palmkernfett, Kokosfett (Palmin) u. dgl.	0	99,8	—	—	0,05	0,2	928	0	0	99,8	—	920
Pflanzenöle wie Olivenöl, Leinöl, Baumwollsamenöl, Erdnußöl u. dgl.............	0	99,5	—	—	0,1	0,3	925	0	0	99,5	—	920

Pflanzliche Nahrungsmittel.

Für pflanzliche Nahrungsmittel charakteristisch ist ihr hoher Gehalt an Kohlenhydraten, ihre verhältnismäßige Armut an Eiweiß und besonders an Fett, ferner ihr Zellulosegehalt und die dadurch bedingte schlechte Ausnutzbarkeit.

Eine Ausnahme bilden nur Zucker, ein fast chemisch reiner Stoff, und die Öle, die schon oben bei den tierischen Fetten besprochen sind. Sie werden vollständig aufgesaugt. Auch feines Brot und Nüsse zeichnen sich durch gute Ausnutzung aus.

Getreide.

Die aus den Getreidearten gewonnenen Nahrungsmittel sind für die Volksernährung von hervorragender Bedeutung (vgl. aber S. 66 und 32). Unter den Nährstoffen des Getreides steht das Stärkemehl an erster Stelle, demnächst die Eiweißstoffe. Von diesen haben die als Kleber bezeichneten insofern besondere Wichtigkeit, als auf ihnen die Backfähigkeit des Mehles beruht. In kleineren Mengen sind außerdem Salze (Mineralstoffe), Fette, Rohfaser und Zucker im Getreide vorhanden.

Als Brotgetreide kommen für Deutschland hauptsächlich Roggen und Weizen in Betracht. Aus Gerste werden Graupen und Grütze — abgesehen von Bier und Kaffee-Ersatzstoffen — hergestellt. Der Hafer dient in Form von Hafergrütze, Haferflocken (Quäkeroats) und Hafermehl der menschlichen Ernährung. Von ausländischen Getreidearten finden für die deutsche Volksernährung der Reis und in geringerem Umfange auch der Mais Verwendung. Auch wird viel Weizen eingeführt.

Das Getreidekorn (vgl. Abb. 8) besteht aus dem Mehlkern (Mehlkörper) (*a*), dem seitlich in einer Vertiefung des Mehlkernes gelegenen Keimling (*b*) und der Hülle (Schale) (*c*); diese ist aus mehreren Schichten

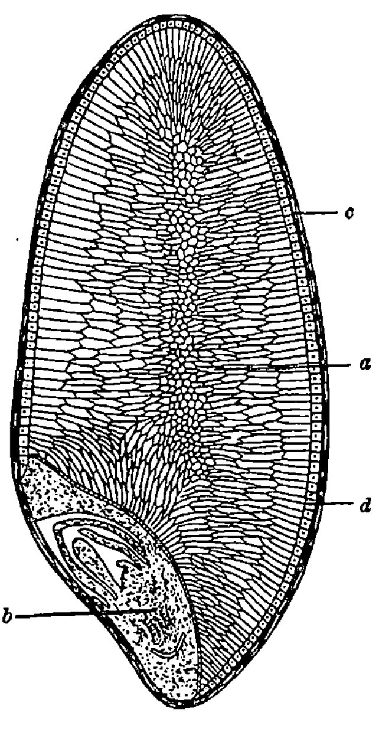

Abb. 8.

widerstandsfähiger, verholzter Zellen aufgebaut, die von den Verdauungssäften nicht und von den Bakterien des menschlichen Darmes kaum angegriffen werden. Die dem Mehlkern zunächst gelegene Aleuronschicht (d) ist zwar reich an Eiweiß, Fett und Lipoiden, doch sind diese Stoffe wegen der dicken Zellwände den Verdauungssäften auch sehr schwer zugänglich. Der Keimling macht beim Weizen etwa 2% des ganzen Korns aus. Er ist nicht nur reich an Eiweiß, Lipoiden und Mineralstoffen, sondern enthält auch Vitamine. Die Hauptmasse des Korns ist der Mehlkern, hauptsächlich ein Gemenge aus Stärke und Eiweiß, das von sehr dünnen und deshalb von den Verdauungssäften leichter auflöslichen Zellwänden umschlossen ist.

Mehle und andere Müllereierzeugnisse.

Die älteren Mühlen konnten nur eine mangelhafte Trennung des Mehlkörpers von der Schale vornehmen, so daß bei den aus solchem Mehl hergestellten Lebensmitteln ein erheblicher Teil der vorhandenen Nährstoffe unausgenutzt den Verdauungskanal durchlief. Auch heute wird in manchen Gegenden solches Brot noch gebacken. Bei den neuzeitlichen Mahlverfahren wird dagegen die Hülle sehr weitgehend vom Mehlkern abgetrennt und im wesentlichen nur dieser zu Mehl verarbeitet, während die dabei abfallenden Schalenteile unter der Bezeichnung „Kleie" den landwirtschaftlichen Nutztieren, insbesondere den Wiederkäuern, als wertvolles Kraftfutter dienen, weil die Bakterien im Pansen der Wiederkäuer die Kleie ausnutzbar zu machen vermögen[1]. Der Keimling bleibt hierbei meist bei der Kleie, wird aber auch für sich gewonnen und für die menschliche Ernährung verwertet. Der beträchtliche Gehalt der Getreidekeime an Fett und Eiweiß ist aus der nachfolgenden Übersicht zu ersehen:

	Wasser	Eiweiß	Fett
Weizenkeime	9	37	11
Roggenkeime	11	40	11
Maiskeime	9	14	22

Die Zusammensetzung der Trockenmasse der drei Bestandteile des Weizenkorns geht aus folgender Übersicht hervor:

	Eiweiß	Fett	Asche	Zellmembran
Weizenmehl	11—13%	1,2	0,5	3
Weizenkleie	16—18%	5—6	5,5	32
Keimling	40%	12	5	0

Die Trennung der Kleie von dem Mehlkern erfolgt nicht in scharfer Weise. Das Mehl enthält daher noch mehr oder weniger Kleie, andererseits die Kleie noch Mehl. Die Mehlmenge, die jeweils aus 100 Teilen Getreide gewonnen wird, pflegt man als den Ausmahlungsgrad des Mehles zu bezeichnen. Dieser ist maßgebend für die Eigenschaften des Mehles und des daraus hergestellten Brotes. Je höher der Ausmahlungsgrad, desto dunkler und schlechter ausnutzbar ist das Mehl und desto größer die Kotmenge nach dem Genuß des Brotes. Weizenmehl von niedriger Ausmahlung, das fast kleiefrei ist, wird etwa ebensogut ausgenutzt wie tierische Nahrungsmittel, und zwar geht auch vom Stickstoff nur wenig verloren. Bei Broten aus kleiereichsten Mehlen, wie z. B. dem Vollkornbrot (zu dessen Herstellung nahezu das ganze Getreidekorn

---

[1] Rubner, M. (F. Honcamp und C. Pfaff, A. Scheunert, W. Klein und M. Steuber): Verwertung des Roggens. Berlin: Julius Springer 1925.

	In 100 g des Lebensmittels (vgl. die Einleitung S. 70)							Für den Menschen verwertbar:				
	Stickstoff	Fett	Kohlenhydrate	Zellulose	Asche	Wasser	Wärmewert	Stickstoff	Eiweiß	Fett	Kohlenhydrate	Wärmewert
	g	g	g	g	g	g	Cal	g	g	g	g	Cal
	1	2[2]	3	4[1]	5	6	7	8	9	10[2]	11	12
Mehle und andere Müllereierzeugnisse												
Roggenmehl:												
94 proz. Schrotmehl	1,39	1,5	72	5,1—6,6	1,6	14,5	345	0,6	4	1,5	72	300
82 proz. Graubrotmehl	1,28	1,5	74	4,2	1,1	14,5	350	0,8	5	1,5	74	308
70 proz. Brotmehl ...	1,10	1,1	76	—	0,8	14,5	350	0,7	4	1,1	76	310
Weizenmehl:												
94 proz. Schrotmehl .	2,02	1,9	68	4,8	1,6	14,5	349	1,2—1,3	7—8	1,9	68	288
80 proz. Graubrotmehl	1,98	1,6	70	4,3	1,0	14,5	353	1,5	9	1,6	70	um 300
Semmelmehl	1,89	1,5	71	0,2	0,6	14,5	354	1,6	10	1,5	71	305
30 proz. Auszugsmehl .	1,74	1,0	73	2,5	0,4	14,5	353	1,6	10	1,0	73	305
Grünkernmehl	1,4	1,9	76	0,6	1,3	11	366	—	—	1,9	76	—
Gerstengraupen, grobe.	1,6	2,3	73	1,6	2,2	10	362	0,8—1,3	5—8	2,3	73	um 300
Gerstengrieß	1,9	2,3	71	0,9	1,7	12	362	—	—	2,3	71	—
Gerstenmehl (Schleimmehl)	1,6	1,4	74	0,8	1,5	12	357	—	—	1,4	74	—
Hafergrütze ⎫ Haferflocken ⎬ .... Hafermehl ⎭	2,2	6,7	65	1,4	1,9	11	386	2	12—13	6,7	65	360
Reis (auch Bruchreis, Reismehl)	1,3	0,5	77	0,5	0,8	13	354	etwa 1	6—6,5	0,5	77	320—345
Maismehl (auch Maisgrieß)	1,5	2,1	75	0,9	0,9	12	364	1,2	7—8	2,1	75	316
Buchweizengrütze (Grieß)	1,7	1,5	71	1,0	1,9	14	350	—	—	1,5	71	—
Buchweizenmehl	1,3	2,1	74	0,7	1,1	14	355	—	—	2,1	74	—

[1] Die Zahlen für Roggen und Weizenmehl stammen von Rubner und sind richtig, die anderen sind erheblich zu niedrig.   [2] Kein Fett im eigentlichen Sinne, sondern Lipoide.

verwendet wird), Schrotbrot, Grahambrot, Pumpernickel, Bauernbrot, kann mehr als die Hälfte des Stickstoffs unverdaut bleiben oder dadurch verlorengehen, daß größere Mengen stickstoffhaltiger Verdauungssäfte mit dem Kot ausgeschieden werden. Der höhere Stickstoffgehalt der Kleie kommt daher nicht zur Geltung, vielmehr lassen kleiearme Mehle dem menschlichen Körper mehr Stickstoff zugute kommen.

Beim Weizenkorn macht der Anteil des Mehlkörpers 83—85%, beim Roggenkorn nur 76—78% des Gesamtgewichtes aus. Vergleichbar in ihrer Ausnutzbarkeit sind also Weizen- und Roggenmehle nicht durchweg bei gleichem Ausmahlungsgrad, sondern bei solchen Ausmahlungsgraden, die annähernd gleichem Kleiegehalt entsprechen. Immer aber wird Weizenbrot besser ausgenutzt als Roggenbrot, zudem ist Weizenbrot immer eiweißreicher.

Die Überlegenheit von Brot aus feinem im Vergleich zu dem aus kleiehaltigem Mehl und von Weizenbrot im Vergleich zu Roggenbrot geht aus folgender Tabelle hervor, die sich nicht, wie die Haupttabelle, auf das wasserhaltige Brot bezieht, sondern auf die Brottrockenmasse (vgl. hierzu bei Brot S. 99:

Brot aus	In 100 g Trockenmasse					
	Gesamt-stickstoff g	Rein-stickstoff g	Reineiweiß g	Wärmewert		Zell-membran g
				Roh-kalorien	Rein-kalorien	
94 proz. Roggenmehl auch Vollkornmehl[1, 2]	1,3—1,6	0,7—1,0	4,4—6,0	410	350—360	8,8
82 proz. Roggenmehl[1] ...	1,6	1,0	6,0	430	370	6,7
65 proz. Roggenmehl[1] ...	1,0	0,7	4,6	414	375	3,1
Weizen-Vollkornmehl[1, 3] ..	2,0	1,5—1,6	9,4	400	345	5,7
mittelfeinem Weizenmehl[1]	2,4	1,8	11,3	—	—	—
feinem Weizenmehl[1, 3] ...	2,0	1,9	11,9	373	366	3,0

Die wichtigsten Eiweißstoffe des Mehles sind Gliadin und Glutenin, die zusammen den die Backfähigkeit bedingenden „Kleber" bilden. Von anderen Eiweißarten kommen noch Albumin, Globulin und im Keimling phosphorhaltige vor. Der Keimling enthält außerdem Nucleinsäure. Das Gliadin enthält kein Lysin, wodurch sich die biologische Minderwertigkeit des Broteiweißes gegenüber tierischem Eiweiß erklärt. Dieser Mangel läßt sich indessen durch den gleichzeitigen Genuß anderer Eiweißarten (Brot mit Käse oder Wurst) ausgleichen.

Das Getreidekorn enthält das antineuritische und antiskorbutische

---

[1] Rubner, M.: Arch. f. Anat. u. Physiol., Physiol. Abt., 1916, S. 61 u. 165. — Rubner, M.: Verwertung des Roggens. Berlin: Julius Springer 1925.

[2] Kestner, O.: Münch. med. Wochenschr. 1922, S. 1429.

[3] Woods, C. D. and S. H. Merrill: U. S. Department of Agriculture, Experiment. Stations, Bull. Nr. 143 (1904) und H. Snyder: Ebenda Nr. 126 (1903).

Vitamin; da diese indessen nur in der Kleie und im Keimling vorhanden sind, ist in feinem Mehl (Auszugsmehl) nicht mit Vitaminen zu rechnen (über Vitamine im Brot S. 98).

In der Küche wird hauptsächlich Weizenmehl verwendet, das meist von niedrigerem Ausmahlungsgrad ist als das für gewöhnliches Weizenbrot benutzte Mehl. Der Sättigungswert des Mehles ist gering; dies gilt auch für Mehlsuppen, Mehlbreie und sonstige Mehlspeisen, soweit nicht Fettstoffe bei ihrer Herstellung zugesetzt werden.

Außer Mehl werden in der Müllerei noch gröbere Erzeugnisse hergestellt: Grieß, Graupen, Grütze, die in der Küche vielseitige Verwendung finden. Ihre vom Herstellungsverfahren abhängige mittlere Zusammensetzung ist aus der Tabelle Seite 93 zu ersehen. Hierher gehört auch das aus unreifem Spelzweizen hergestellte Grünkernmehl.

Hafermehl und sonstige Hafererzeugnisse, werden durch Hitze aufgeschlossen, wodurch ihre Nährstoffe gut ausnutzbar werden und ihre Haltbarkeit verbessert wird. Sie sind also keine Rohkost. Bei Erkrankungen der Verdauungsorgane sind Suppen und Breie aus Hafermehl insofern von Wichtigkeit, als sie wegen ihrer schleimigen Beschaffenheit die Schleimhaut des Magens und Darms wie ein innerer Umschlag einhüllen und dadurch Reize fernhalten[1]. Daher ist auch die Absonderung der Verdauungssäfte nach Genuß von Hafermehl und Haferflocken geringer als bei anderer Nahrung. Hierauf beruht ihre Anwendung in der Krankenernährung als Schonungskost; ebenso beruht die Verabreichung von Hafernährmitteln an Zuckerkranke auf der Schonung des Pankreas. Auf gleiche Mengen Trockenmasse des Nahrungsmittels bezogen, wurden im Tierversuch abgesondert:

nach dem Genuß von Brot ..... 143 ccm Pankreassaft (Bauchspeichel)

,, ,, ,, ,, Weizenmehl 50 ,, ,,

,, ,, ,, ,, Hafermehl 29 ,, ,,

Für Hafernährmittel ist der im Vergleich zu Mehlen aus anderen Getreidearten reichlichere Gehalt an Fettstoffen bemerkenswert.

Der Reis enthält ebenso wie die Körner der anderen Getreidearten nur im Keimling und in der Kleie Vitamine. Ungeschälter Reis wäre ein vollständiges Nahrungsmittel. Geschälter Reis, wie er in Deutschland im Handel ist, ruft dagegen, wenn er, wie bei manchen Völkern Asiens, die Grundlage der Ernährung bildet, Beri-Beri hervor. Diese Krankheit tritt in Europa deshalb nicht auf, weil hier gleichzeitig andere, genügend vitaminhaltige Lebensmittel, z. B. Brot, dem der Vitamingehalt der Hefe zugute kommt, genossen werden. Die Ausnutzung von Reis ist durch Rubner bestimmt; sie beträgt:

für den Stickstoff.......................... 75%

für die Trockenmasse 96%

für den Wärmewert 90%

---

[1] Fr. Rabe, Deutsch. Arch. f. klin. Med. Bd. 134, S. 92, 129.

Die biologische Wertigkeit des Reiseiweißes entspricht derjenigen des Kartoffeleiweißes; sie beträgt $^4/_5$ des tierischen Eiweißes und ist somit wesentlich höher als die des Brotes.

Von den Nährstoffen des Maismehles gehen nach Rubner verloren:

vom Stickstoff 19%
von der Trockenmasse 7%
von dem Wärmewert 10%

Die biologische Wertigkeit des Maiseiweißes ist aber gering; sie beträgt nur etwa $^1/_3$ von der des Milcheiweißes. Dem im Mais enthaltenen Eiweißstoff Zein fehlen mehrere ernährungsphysiologisch wichtige Aminosäuren. Auch Vitamine sind im Maismehl kaum enthalten. In Ländern, in denen Mais die alleinige Grundlage der Ernährung bildet, kann Pellagra auftreten.

Über den Gehalt der verschiedenen Müllereierzeugnisse an Calcium- und Phosphorsäureverbindungen gibt die nachstehende Übersicht Auskunft:

| | Gehalt an | |
	Calcium	Phosphor (PO_4) nach der Veraschung
Roggenmehl, 94 proz.	0,03%	1,02%
Roggenmehl, 82 proz.	0,01%	0,72%
Weizenmehl, 94 proz.	0,04%	1,01%
Weizenmehl, 80 proz.	0,05%	0,67%
Semmelmehl	0,03%	0,40%
Weizenmehl, 30 proz.	0,02%	0,26%
Weizengrieß	0,03%	0,33%
Gerstengraupen, grob.......	0,04%	1,05%
Gerstengrieß	0,03%	1,08%
Haferflocken.............	0,10%	1,23%
Reis	0,02%	0,58%
Maismehl................	0,04%	1,22%
Buchweizengrütze	0,03%	0,54%

Die Bedeutung der Unterschiede darf nicht überschätzt werden.

Teigwaren.

Nudeln und Makkaroni werden aus kleiefreiem Weizenmehl gewonnen. Sie sind hinsichtlich des Stickstoffes und der Verbrennungswärme so gut ausnutzbar wie feines Weizenbrot. Die Kotbildung ist nicht größer als diejenige bei tierischen Nahrungsmitteln. Von Teigwaren, die unter der Bezeichnung Eierteigwaren (Eiernudeln) feilgehalten werden, erwartet der Verbraucher mit Recht, daß der Eigehalt sowohl geschmacklich als auch im Nährwert zum Ausdruck kommt. Dies ist dann der Fall, wenn auf 1000 g Mehl 4 Eier bei der Herstellung der Eierteigwaren verwendet werden. Dann enthalten sie auch Vitamine.

	In 100 g des Lebensmittels (vgl. die Einleitung S. 70)							Für den Menschen verwertbar				
	Stickstoff	Fett	Kohlenhydrate	Zellulose	Asche	Wasser	Wärmewert	Stickstoff	Eiweiß	Fett	Kohlenhydrate	Wärmewert
	g	g	g	g	g	g	Cal	g	g	g	g	Cal
	1	2	3	4	5	6	7	8	9	10	11	12
Teigwaren:												
Wassernudeln	1,9	0,7	73	0,6	0,7	13	355	1,8	10—11	0,7	73	340 —365
Eiernudeln (auch Eiergräupchen) (4 Eier auf 1 kg Mehl)............	2,2	2,4	69	0,5	0,8	13	362	2,1	13	2,4	69	um 350
Makkaroni	2,1	0,7	73	0,4	0,6	12	359	1,8	10—12	0,7	73	340 —365

Brot und andere Backwaren.

Hauptsächlich wird in Deutschland Brot aus Roggenmehl gegessen, bei dem die Lockerung des Teiges mit Hilfe von Sauerteig (einem bereits in Gärung befindlichen, vom Vortage zurückbehaltenen Teiganteile) bewirkt wird. Bei Weizengebäcken ist dagegen die Verwendung von Hefe — etwa 2% der Mehlmenge — als Lockerungsmittel üblich. Sauerteig ist auch Hefe, nur nicht reingezüchtet. In beiden Fällen entsteht als Produkt des Stoffwechsels der Hefezellen neben einer entsprechenden Menge Alkohol gasförmige Kohlensäure, die sich in der Teigmasse verteilt und durch ihre Ausdehnung bei der Backtemperatur die Lockerung des Gebäcks bewirkt. Bei kuchenartigen Gebäcken wird statt Hefe auch Backpulver verwendet. Auch dessen Wirkung beruht auf der Abgabe von Kohlensäure, die hier aus doppelt-kohlensaurem Natrium mit Weinstein oder saurem Calciumphosphat in dem wasserhaltigen Teige durch einen rein chemischen Vorgang frei wird, während bei der Hefe und dem Sauerteig ein biologischer Vorgang unter gleichzeitiger Bildung von Geschmacksstoffen sich abspielt. Durch die Einwirkung des Sauerteiges oder der Hefe wird die Stärke des Mehles teilweise in Dextrine und noch einfachere Kohlenhydrate verwandelt, die neben den beim Backvorgang entstehenden Röststoffen und dem regelmäßig dem Teig zugesetzten Kochsalz den Geschmack des Brotes bedingen.

Aus 100 Teilen Mehl erhält man etwa 135 Teile Großbrot, bei Kleingebäck (Semmeln) ist die Ausbeute wegen des größeren Anteils der wasserärmeren Kruste etwas geringer.

Das Altbackenwerden des Brotes ist ein noch nicht völlig aufgeklärter Vorgang kolloidchemischer Natur. Die Veränderung der Kruste beruht in einer Aufnahme von Wasser, teils aus der umgebenden Luft, teils aus der wasserreicheren Krume des Gebäcks. In der Krume ändert sich beim Altbackenwerden der Quellungszustand der Stärkekörner, die Wasser an das Klebereiweiß abgeben und dabei etwas einschrumpfen, so daß sie sich von den Kleberteilchen ablösen, was in dem Krümligwerden des Gebäckinnern zum Ausdruck kommt.

Wegen Ausnutzung vgl. S. 94. In einer weiteren Versuchsreihe gibt Rubner[1] folgende Tabelle für die Ausnutzung von Roggenbrot:

Verlust an Kalorien oder organischem Material.

Versuchspersonen		A.	E.	K.	M.	Durchschnitt
Ausmahlung 60%	2,6% Zellmembran	7%	10%	5%	3%	6%
„ 82%	4,0% „	11%	15%	13%	9%	12%
„ 94%	5,1% „	12%	15%	12%	14%	13%
„ 94% (Schrot) 7,5%	„	16%	13%	16%	18%	16%

[1] Rubner, M.: Verwertung des Roggens. Berlin: Julius Springer 1925. S. 10.

	In 100 g des Lebensmittels (vgl. die Einleitung S. 70 u. 92)							Für den Menschen verwertbar				
	Stickstoff	Fett	Kohlenhydrate	Zellulose	Asche	Wasser	Wärmewert	Stickstoff	Eiweiß	Fett	Kohlenhydrate	Wärmewert
	g	g	g	g	g	g	Cal	g	g	g	g	Cal
	1	2	3	4	5	6	7	8	9	10	11	12
Brot und andere Gebäcke:												
Roggenbrot:												
Pumpernickel	1,2	1,1	44	etwa 4	1,4	44	222	0,6	4	1,1	44	207
Roggenvollkornbrot ..	1,2	1,1	46	3,3—4,1	1,5	42	231	0,5—0,6	3—3,5	1,1	46	um 200
Soldatenbrot	1,0	1,0	51	4	1,4	39	245	0,6	4	1,0	51	um 210
Helleres Roggenbrot ..	1,0	0,8	54	2—3	1,2	37	253	um 0,5	um 3	0,8	54	um 220
Mischbrot aus Roggen- und Weizenmehl....	0,9	0,8	53	etwa 2	1,3	38	250	—	—	0,8	53	—
Weizenbrot:												
Weizenvollkornbrot (z. B. Grahambrot)	1,4	1,0	46	etwa 3	1,6	41	234	1,0	6	1,0	46	210
Gröberes Weizenbrot .	1,3	0,9	49	3,1	1,3	39	244			0,9	49	
Feinere Weizenbrötchen ohne Milch	1,1	0,5	57	0,8	0,9	34	266	etwa 1	7,5	0,5	57	240
Feinere Weizenbrötchen mit Magermilch	1,3	0,6	57	wenig	1,2	33	273	1,3—1,5	8—9	0,6	57	220—270
Amerik. Weizenbrot...	—	—	—	—	—	—	—	1,1—1,4	7—9	—	—	227—275
Zwieback (mit Magermilch)	2,1	6,2	71	wenig	2,6	7	402	etwa 2	12	6,2	71	370
Keks	1,1	10,4	73	wenig	1,2	7	425	1—2	10 etwa 6—13	10,4	73	390

Verlust an Stickstoff.

Versuchspersonen			A.	E.	K.	M.	Durchschnitt
Ausmahlung 60%	2,6%	Zellmembran	28%	23%	47%	35%	34%
„ 82%	4,0%	„	37%	35%	35%	33%	35%
„ 94%	5,1%	„	39%	37%	51%	36%	41%
„ 94%(Schrot) 7,5%		„	42%	33%	59%	39%	43%

Die Abhängigkeit der Ausnutzung von dem Gehalt an Zellmembran zeigt Abb. 9.

Die Verschiedenheit der Ausnutzung von Mehl aus 3 Getreidearten bei gleichem Gehalt an Zellmembran erhellt aus folgenden Zahlen:

Roggen 5,1% Zellmembr.13% Verlust Cal.41% Verlust Stickstoff
Gerste 5,8% „ 9% „ „ 32% „ „
Weizen 5,1% „ 11% „ „ 21% „ „

Wie aus der Tabelle (s. oben) zu ersehen ist, nimmt mit steigendem Ausmahlungsgrad des Mehles, aus dem die Gebäcke hergestellt sind,

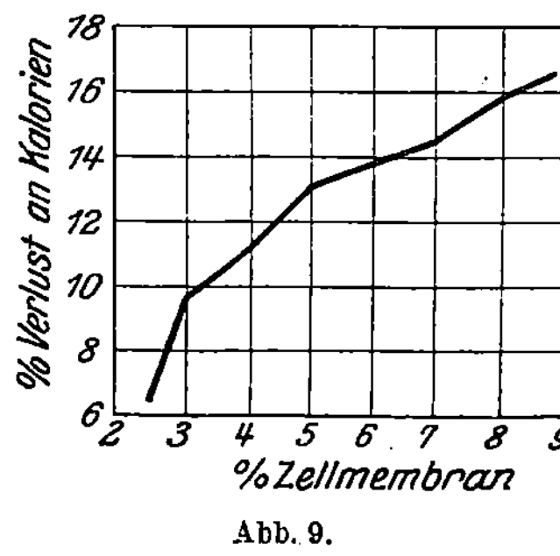

Abb. 9.

ihr Gehalt an Eiweiß, Rohfaser und Asche zu; durch die schlechtere Ausnutzung kehrt sich dieses Verhältnis für Eiweiß aber um. Brot aus Weizenmehl enthält bei gleichem Ausmahlungsgrad daher mehr Reineiweiß als Brot aus Roggenmehl.

Da die Vitamine des Getreidekorns ihren Sitz in der Kleie und im Keimling haben, ist der Vitamingehalt von Backwaren aus kleiefreien Mehlen nur durch den Vitamingehalt der Hefe bedingt, in der reichlich antineuritisches Vitamin vorhanden ist. Abgesehen von der Hefe, ist auch der Vitamingehalt des Vollkornbrotes gering[1]. Bei brotessenden Völkern sind Gesundheitsschädigungen durch Mangel an antineuritischem Vitamin nicht zu befürchten. Aus diesem Grunde sollte Brot nicht mit Backpulver gebacken werden.

Der Sättigungswert des Brotes ist verhältnismäßig gering, aber immerhin größer als derjenige des Mehles, was auf die beim Backvorgang entstehenden Röststoffe zurückzuführen ist. Deshalb haben Kleingebäcke, bei denen die Kruste einen verhältnismäßig großen Anteil der Gesamtmasse ausmacht, einen größeren Sättigungswert als Großbrot.

Die Ausnutzung der im Brot enthaltenen Nährstoffe hängt vom Ausmahlungsgrad des Mehles ab. Bei kleiereicheren Mehlen ist namentlich die Verwertung der Eiweißstoffe ungünstig. In der neben-

---

[1] Rubner, M. (nach Scheunert): Verwertung des Roggens. Berlin: Julius Springer 1925.

stehenden Übersicht (S. 102) sind die Ergebnisse über die Verluste an Trockenmasse, Zellmembran, Stickstoff und Wärmewert zusammengestellt, die nach den Untersuchungen von Rubner und Thomas, Kestner, R. O. Neumann und Woods und Merrill nach dem Genuß von 100 g verschiedener Brotsorten festgestellt worden sind, und zwar ist für den Wärmewert und den Stickstoff außer den Gesamtverlusten im Kot, die aus unresorbierten Anteilen und aus Verdauungssäften bestehen, noch der unresorbierte Anteil für sich angegeben.

Die ungleiche Ausnutzung der verschiedenen Brotsorten kommt auch in der ausgeschiedenen Kotmenge zum Ausdruck[1]:

Weizenbrot aus	Verzehrte Menge trocken	Kot		Verlust im Kot an		
		feucht	trocken	Trockenmasse	Stickstoff	
	g	g	g	%	g	%
feinstem Mehl.......	615	133	24,8	4,03	2,17	20,7
mittelfeinem Mehl ...	613	253	40,8	6,66	3,24	24,6
Vollkornmehl	617	318	75,8	12,23	3,80	30,5

Trockenmasse des Kots nach Genuß einer gleichen Menge:

Weizenbrot mit Milch[2]:

    Grahambrot .... 86 g (65—98 g)

    Vollkornbrot .... 71 g (66—76 g)

    Feines Brot................. 43 g (28—55 g)

Brot mit Butter:

    Feinstes Weizenbrot[2] .... 18 g

    Weizenbrot aus 85 proz. Mehl[3] 24—50 g

Roggenbrot aus:

    95 proz. Mehl .... 105 g

    82 proz. Mehl .... 84 g

    65 proz. Mehl .... 73 g

Weizenbrot wird demnach wesentlich besser ausgenutzt als Roggenbrot.

Die schlechte Ausnutzung des hoch ausgemahlenen Brotes bringt es mit sich, daß um so mehr verwertbares Eiweiß zu Gebote steht, je vollständiger die Kleie entfernt wird. Denn die Ausnutzung der Roggenkleie, die bei einer Ausmahlung von 60% mit abfiel, betrug beim Hammel[4]:

    organische Substanz oder Kalorien ... 81,6 und 82,5%

    Stickstoff .... 76,8 und 79 %

---

[1] Woods, C. D. und Merrill: U. S. Department of Agriculture, Experiment. Stations, Bull. Nr. 143. 1904.

[2] Neumann, R. O.: Das Brot. Berlin: Julius Springer 1922.

[3] Kestner: S. Fußnote 2, S. 103.

[4] Rubner, M.: Zeitschr. f. Biol. Bd. 19, S. 45. 1883; Arch. f. Anat. u. Physiol., Physiol. Abt. 1916.

Prozentische Verluste bei Ernährung mit Brot.

	An Trockenmasse	An Zellmembran	An Stickstoff im ganzen (Unresorbiertes + Verdauungssäfte)	davon unresorbiert	An Wärmewert im ganzen (Unresorbiertes + Verdauungssäfte)	davon unresorbiert
Feinstes Weizenbrot[1]	1,93	0	6,0	0	2,7	0
	2,46	0	6,3	0	3,7	0
	2,78					
Feines Weizenbrot[4]	2		6,0		7	
Mittleres Weizenbrot[2]	11—15		23—28	1—3		
Rundstück (Semmel)[4]	7—9		24—26			
Grahambrot aus Weizenmehl[4]	11		18—23	3—6	17	
Vollkornbrot aus Weizenmehl[1]	10,3	53	21,1	9	11,1	3,8
	12,2		30,5			
desgl. amerikanisches[2]	7		12—20	3—4	13	
Brot aus Roggenmehl[1]						
95 proz.	12	45—50	35	10	15	7,3
desgl. 94 proz.	14	43	38,6	17	15,5	9,4
desgl. 94 proz., mit Nachmehl	14	71	41	26	16	9
desgl. aus Vollkorn, geschält	11	56	40	24	12	4
Brot aus Roggenmehl[4]						
94 proz.	18—20		59			
desgl. Rundstück	20		49			
Kleiebrot[3]			56			
Russisches Soldatenbrot[3]			50			
Soldatenbrot (Kommiß)[3]			41—43			
Brot[1]						
aus 82 proz. Mehl	11—12	45—66	40	22	14	6
desgl. mit Kartoffelmehl	14—17	66—70	48	27	17—18	9
aus 65 proz. Mehl	6—9	41—55	38	20	10	4
desgl. mit Kartoffelmehl	6—10	63	43	20	10	6
Gerstenbrot[1]	8		27—37	16—23		
Mischbrot[3]						
aus 70 proz. Mehl	4		14			
„ 75 proz. Mehl	7		17			
„ 80—82 proz. Mehl	9		23			
„ 85 proz. Mehl	10		29			
„ 94 proz. Mehl	12		24			
„ 97 proz. Mehl	15		28			

[1] Rubner, M. und K. Thomas: Arch. f. Anat. u. Physiol., Physiol. Abt., 1916 u. 1919. [2] Woods und Merrill: S. Fußnote 1, S. 101.
[3] Neumann, R. O.: Das Brot. Berlin: Julius Springer 1922.
[4] Kestner: S. Fußnote 2, S. 103.

Durch die Abtrennung der Kleie aus dem Korn und die Verfütterung an das Vieh wird zwar die Brotmenge des Menschen vermindert, der Mastgewinn des Viehs aus der Kleie hebt aber diesen Verlust völlig auf; der Mensch erhält bei geringerer Ausmahlung eine andere Art der Ernährung, zum Brot bekommt er einen kleinen Anteil aus Fleisch und eine mehr oder minder erhebliche Zulage an Fett[1]. Die physiologisch richtige Ernährung wird dann erreicht, wenn der Mensch nur den verdaulichen Mehlkern ißt und die Kleie auf dem Umwege über das Vieh dem Menschen zugute kommt. Unter Berücksichtigung der verschiedenen Erfordernisse und des Geschmacks kann man für Roggenbrot Mehl vom Ausmahlungsgrad 65—70%, für Weizenbrot von 70—75% empfehlen. Daneben ist Weizenkleingebäck aus feinem Mehl und auch größeres, reinweißes Weizenbrot, und außerdem für viele Menschen Vollkornbrot dringend empfehlenswert. Menschen mit empfindlichem Verdauungskanal führen sich die Zellulose besser in Gemüsen und Rohkost als in grobem Brot zu.

Die meisten obigen Zahlen beziehen sich auf Brot, das als großer Laib gebacken ist; wenn man aus dem gleichen Teig kleine Brötchen (Semmeln) bäckt, so wird die Ausnutzung besser und die Kotbildung geringer, denn die Röstprodukte sind starke Erreger der Magensaftabsonderung, und krustenreiches Brot wird daher durch die größere Menge Magensaft besser verdaut[2].

Dies sei durch folgende Beispiele belegt:

Gegessene Brotmenge	Trockengewicht des Kotes	Verlust an Stickstoff im Kot
Weizenbrötchen 1419 g	120 g	8,5%
Weizengroßbrot 1006 g	149 g	14,8%

Gegessene Brotmenge	Trockengewicht des Kotes	Verlust an Stickstoff im Kot
Weizenbrötchen 1035 g	71 g	6,8%
Weizengroßbrot 878 g	99 g	11,3%
Roggen- (94 proz.-) Brötchen 1395 g .	274 g	50,0%
Roggen- (94 proz.-) Großbrot 1322 g .	245 g	60,5%

Außer für Brot dient das Mehl, insbesondere Weizenmehl, auch zur Herstellung von Kuchen und ähnlichen Backwaren. Diese erhalten meist Zusätze von Zucker, Milch, Fett, Eiern, bisweilen auch von Rosinen, Mandeln, Früchten (Obstkuchen), wodurch der Nährwert dieser

---

[1] Rubner, M. (A. Scheunert, W. Klein, M. Steuber, F. Honcamp, C. Pfaff): Verwertung des Roggens. Berlin: Julius Springer 1925.
[2] Kestner, O.: Münch. med. Wochenschr. 1922, S. 1429.

Gebäcke wesentlich erhöht werden kann. Da in der Regel feine Auszugmehle von hoher Ausnutzbarkeit für Kuchen verwendet werden und auch die sonstigen Zutaten so gut wie vollständig ausnutzbar sind, besteht kein wesentlicher Unterschied zwischen dem gesamten und dem ausnutzbaren Wärmewert dieser Lebensmittel. Die hierhergehörigen Zwiebäcke und Keks werden wegen ihrer leichten Verdaulichkeit und wegen der guten Resorbierbarkeit ihrer Nährstoffe zur Ernährung von Kindern, Kranken und Genesenden herangezogen.

Hülsenfrüchte, Kartoffeln und Stärke.

Die Hülsenfrüchte (Leguminosen) sind im Vergleich zum Getreide durch einen wesentlich größeren Gehalt an Stickstoffverbindungen ausgezeichnet. Sie sind deshalb für die Volksernährung namentlich insofern beachtenswert, als durch den Genuß von Erbsen, Bohnen oder Linsen ein Teil des Eiweißbedarfs des Körpers wesentlich billiger befriedigt werden kann als durch das teure Fleisch. Doch werden die in Zellwände eingeschlossenen Eiweißstoffe der Hülsenfrüchte sehr viel schlechter verwertet als tierisches Eiweiß. Außerdem ist das Eiweiß biologisch stark minderwertig. Die bloße Berücksichtigung des Rohstickstoffes hat hier oft zu Irrtümern geführt.

Nach den Bestimmungen von Rubner gehen von der Trockenmasse 9%, von dem Eiweiß 12—18% verloren. Nach dem Genuß von Erbsen und anderen Hülsenfrüchten erscheint viel Unverdautes im Stuhl, auch ist der Stuhl verhältnismäßig wasserreich.

Da die Samenschalen der Hülsenfrüchte wegen ihres Gehaltes an unverdaulicher Rohfaser die Ausnutzung der Nährstoffe herabsetzen, empfiehlt es sich, entweder bereits geschälte Hülsenfrüchte (Erbsen) zur Herstellung der Mahlzeiten zu verwenden oder die Schalen aus den gekochten Speisen nachträglich durch ein Sieb zu entfernen.

Die im Handel befindlichen Hülsenfruchtmehle (Erbswurst) werden bei ihrer Herstellung nicht nur von der Samenschale befreit, sie sind für die Ernährung auch noch dadurch wertvoller, daß die Samen vor der Vermahlung mit Wasser gedämpft werden, wodurch eine teilweise Aufschließung der Nährstoffe und ihre bessere Ausnutzung bewirkt wird. Auch sei daran erinnert, daß Erbssuppen leicht herstellbar sind und leicht reichliche Salzzufuhr (S. 38) ermöglichen (Alpenhütten, Tourenproviant).

Die hauptsächlich in Asien angebaute Sojabohne ist, abgesehen vom Eiweiß, auch wegen ihres hohen Fettgehaltes für die Ernährung wertvoll. Sie läßt sich zwar auf Suppen und breiartige Speisen verarbeiten, doch dient sie in Deutschland hauptsächlich als Rohstoff zur Fettgewinnung. Die hierbei verbleibenden Rückstände finden ähnlich wie das aus Pferdebohnen bereitete „Kastormehl" als Backhilfsmittel

	In 100 g des Lebensmittels (vgl. die Einleitung S. 70)						Für den Menschen verwertbar				
	Stickstoff	Fett	Kohlenhydrate	Zellulose	Asche	Wasser	Wärmewert	Stickstoff	Eiweiß	Fett	Kohlenhydrate	Wärmewert
	g	g	g	g	g	g	Cal	g	g	g	g	Cal
	1	2	3	4	5	6	7	8	9	10	11	12
Getrocknete Hülsenfrüchte:												
Bohnen und Bohnenmehl	3,7	2	59	1,8	3	11	355	2,8	17	2	59	320
Erbsen (mit der Schale)	3,7	2	52	5,6	3	14	326	2,4—2,6	15—16	2	52	280—300
Erbsenmehl (auch geschälte Erbsen)	4,1	2	57	1,3	3	11	359	2,8—3	17—18	2	57	310—330
Linsen	4,2	2	53	3,9	3	12	343	—	—	2	53	—
Sojabohnenmehl, entfettet	8	0,3	33	2,9	6	8	343	6,2	40	0,3	33	um 300
Kartoffeln und Stärke:												
Kartoffeln — mittel	0,3	0,1	21	etwa 1,5	1,1	75	96			0,1	21	
100 g ungeschälte Kartoffeln nach Abzug von 5% Schalenabfall (Kartoffeln in der Schale gekocht[1])								0,25	1,6			74
100 g ungeschälte Kartoffeln nach Abzug von 25% Schalenabfall (Kartoffeln vor dem Kochen geschält[1])								um 0,2	1,1—1,5			56—62
wasserreich	0,3	0,1	14	0,6	0,8	83	65			0,1	14	
wasserarm	0,4	0,2	27	0,9	1,1	68	123			0,2	27	
gekocht	0,3	0,1	21	0,7	0,9	75	96			0,1	21	
Kartoffelflocken	1,1	0,3	77	1,7	3,5	11	346	etwa 1	6		0,3	77	330—350
Kartoffelwalzmehl	1,1	0,2	80	1,0	3,6	8	357				0,2	80	
Kartoffelmehl (Kartoffelstärke)	0,1	0,1	80	0,1	0,6	18	333	Spur	Spur	0,1	80	320
Tropische Stärkearten (Arrowroot, Tapioka)	0,1	0,2	85	0,1	0,2	14	353	0	0	0,2	85	340
Sago (Palmstärke)	0,4	—	81	—	0,5	16	341	0	0	—	81	330

[1] Bei Kartoffeln mit viel Abfall entsprechend weniger.

zur Verbesserung der Backfähigkeit von Mehl Verwendung, sollen aber nicht in erheblicheren Mengen zugesetzt werden.

Die Bestrebungen zur Nutzbarmachung der Lupinen für die menschliche Ernährung haben bisher eine ernährungswirtschaftliche Bedeutung nicht erlangt.

Die Kartoffel ist in Deutschland seit mehr als 100 Jahren eine der wichtigsten Nutzpflanzen. Wie aus der Tabelle zu ersehen ist, bestehen die Kartoffeln zu $^3/_4$ aus Wasser. Im übrigen sind hauptsächlich Kohlenhydrate, und zwar ausschließlich Stärke, am Aufbau der Kartoffel beteiligt. Es ist bemerkenswert, daß rauhschalige Kartoffeln wesentlich reicher an Stärke zu sein pflegen als glattschalige; diese enthalten im Mittel 13,4%, jene 19,6% Stärke.

Durch das Kochen wird der Wassergehalt der Kartoffeln so gut wie nicht verändert. Die scheinbar trockenere Beschaffenheit der gekochten Kartoffeln findet darin ihre Erklärung, daß durch die Verkleisterung der Stärke das vorhandene Wasser gebunden wird. Als Verlust beim Waschen und Kochen mit den üblichen Wassermengen wurden beobachtet:

	Für ein Liter Waschwasser	Für ein Liter Kochwasser
Organische Stoffe	0,7 g	14,2 g
darunter Stickstoff............	0,04 g	0,6 g
Anorganische Stoffe	0,6 g	18,5 g

Bei besonders schmutzigen Kartoffeln, wie sie vielfach im Handel angetroffen werden, ist mit einem entsprechend größeren Verlust zu rechnen.

Die Kartoffeln enthalten antiskorbutisches Vitamin. Da dieses beim Keimen der Kartoffel in die Keime wandert, werden die Kartoffelknollen beim Lagern vom zeitigen Frühjahr an vitaminärmer. Da zu dieser Zeit auch die Milch wegen des fehlenden Grünfutters vitaminärmer und zugleich knapper zu werden pflegt, ebenso frische Gemüse, die sonst eine leicht zugängliche Vitaminquelle bilden, nur in geringen Mengen auf den Markt kommen, ist vom Februar bis Mai die menschliche Nahrung bei uns bedenklich arm an Vitaminen (vgl. Obst, S. 118).

Eine Gefahr, daß gekeimte Kartoffeln für den Menschen wegen des Gehalts an Solanin schädlich seien, besteht nicht.

Der Sättigungswert der Kartoffeln ist größer als der aller sonstigen pflanzlichen Nahrungsmittel. Die Menge des abgesonderten Magensaftes betrug, auf gleich große Mengen Trockenmasse bezogen, nach dem Genuß von:

Kartoffeln .... 422 ccm
Brot......................... 233 „
Weizenmehl .... 192 „
Hafermehl .... 124 „

Dem Vorzug des hohen Sättigungswertes der Kartoffel steht der Nachteil des geringen Eiweißgehaltes gegenüber. Sie ist deshalb als alleiniger Eiweißträger der Nahrung nicht geeignet, neben tierischem Eiweiß aber sehr. Von der Gesamtmenge der Stickstoffverbindungen der Kartoffeln bestehen 40—50% aus Nichteiweißstoffen (Asparagin und anderen Amiden), die aber als Spaltungsprodukte von Eiweiß diesem physiologisch gleichwertig sind.

Die Ausnutzung der Nährstoffe der Kartoffel ist in bezug auf den Wärmewert sehr gut und kommt auch für den Stickstoff derjenigen von feinstem Brot etwa gleich. Die Zellmembran gekochter Kartoffeln ist so leicht verdaulich, daß unverdaute Reste in der Regel überhaupt nicht mehr im Stuhl vorhanden sind[1]. Beim Stickstoff wird ein scheinbarer Verlust von 14—19% beobachtet, der indessen dadurch zustande kommt, daß bei dem geringen Stickstoffgehalt der Kartoffel derjenige der Verdauungssäfte einen ziemlich großen Anteil des im Kot vorhandenen Stickstoffs ausmacht. Die biologische Wertigkeit des Kartoffeleiweißes beträgt unter Berücksichtigung dieser Fehlerquelle etwa $^4/_5$ von derjenigen des tierischen Eiweißes und ist somit als hoch zu bezeichnen. Alte Kartoffeln, deren Wassergehalt während der Lagerung etwas zurückgeht, werden bezüglich des Wärmewertes schlechter verwertet als neue. Ihr Eiweiß wird aber nicht ungünstiger ausgenutzt. Die in Bratkartoffeln und Kartoffelpuffern enthaltenen Nährstoffe werden bereits im Dünndarm so vollständig aufgesaugt, daß an dessen Ende unresorbierte Anteile nicht mehr vorhanden sind (S. 50).

Bei der Bewertung der rohen Kartoffeln ist zu berücksichtigen, daß von ihrer Masse ein ziemlich erheblicher, in weiten Grenzen schwankender Abfall für den menschlichen Genuß nicht in Frage kommt. Das Gewicht geschälter roher Kartoffeln mittlerer Güte ist etwa 20—30% geringer als das der ganzen Knollen. Durch anhaftende Ackererde, durch die Anwesenheit verfaulter oder sonst genußuntauglicher Knollen, durch das Entfernen von Keimen oder aus sonstigen Ursachen können im Einzelfall noch wesentlich größere Abfallmengen entstehen. In der Schale gekochte Kartoffeln ergeben dagegen beim Schälen in der Regel nur einen Verlust von etwa 3—5%.

Kartoffeln sind gegen Kälte empfindlich. Bei gelindem Frost, bis zu etwa — 3°, nehmen sie deutlich süßen Geschmack an, weil der aus der Stärke durch Diastase dauernd gebildete Zucker infolge der verminderten Lebenstätigkeit nicht mehr völlig veratmet wird und sich daher anhäuft; solche Kartoffeln, die übrigens nicht gesundheitsschädlich sind, werden nach Lagerung in einem warmen Raume durch die gesteigerte Atmung wieder zuckerfrei. Bei stärkerem Frost aber gefriert der Zell-

---

[1] Strasburger u. Mitarbeiter: Arch. f. Verdauungskrankh. Bd. 41, S. 1, 12 u. 180. 1927. — Deutsch. med. Wochenschr. 1927, Nr. 40.

inhalt und zersprengt die Zellwände; solche Kartoffeln werden „matschig" und fallen schnell dem Verderben durch Mikroorganismen anheim.

Als Dauerwaren werden neuerdings durch Dämpfen von Kartoffeln und Eintrocknen der Masse auf heißen Walzen die sog. Kartoffel-flocken und aus diesen durch Vermahlen das Kartoffelwalzmehl hergestellt. Beide unterscheiden sich in ihrer Zusammensetzung von der Kartoffel im wesentlichen nur durch einen geringeren Wassergehalt, wenn sie auch die frische Kartoffel in der Küche nicht zu ersetzen vermögen.

Das aus Kartoffeln und anderen vorwiegend stärkehaltigen Roh-stoffen, auch aus solchen ausländischer Herkunft, hergestellte Stärke-mehl besteht so gut wie ausschließlich aus Stärke und enthält da-neben nur noch belanglose Anteile anderer Nährstoffe. Außer dem Kartoffelmehl werden namentlich noch Weizen-, Mais- und Reis-stärke, die verschiedenen, mit dem Sammelnamen Arrowroot be-zeichneten Stärkearten aus tropischen Pflanzenteilen wie Tapioka-sago (teilweise verkleisterte Stärke aus den Wurzelstücken von Manni-hot utilissima) und ostindischer Sago (Stärke aus den Stämmen von Palmenarten) zur menschlichen Ernährung — Herstellung von Fein-gebäck und Pudding — verwendet, desgleichen Bananenmehl.

Nährpräparate.

Zu den diätetischen Nährmitteln gehören sehr verschiedenartig zusammengesetzte, auf industriellem Wege hergestellte Zubereitungen, denen gemeinsam ist, daß sie zwischen Lebensmitteln und Heilmitteln stehen. Sie sind für einen besonderen ernährungsphysiologischen Zweck hergestellte Erzeugnisse eigener Art, durch deren Verabreichung dem Körper Nährstoffe in konzentrierter, leicht verdaulicher und gut resorbierbarer Form zugeführt werden sollen. Demgemäß sind sie auch nicht für die allgemeine Ernährung der Bevölkerung bestimmt, sondern nur für Menschen in besonderen Zuständen, wie Kranke, Genesende, Schwache, Schwangere und stillende Mütter. Die Verordnung dieser Präparate muß deshalb dem Ermessen des Arztes vorbehalten bleiben, der bei der Behandlung von appetitlosen Kranken und von Personen mit Verdauungs- oder Stoffwechselstörungen davon Gebrauch machen kann. Nicht zu empfehlen ist es dagegen, sich durch die Anpreisung der Wirksamkeit solcher Mittel zu ihrem Ankauf verleiten zu lassen. Für den gesunden Menschen ist der Gebrauch entbehrlich und obendrein unvorteilhaft, wegen des meist sehr erheblichen Preises und weil es sich vielfach um einseitig zusammengesetzte Zubereitungen handelt, die diese oder jene für die Ernährung wertvollen Bestandteile der verwendeten Rohstoffe nicht mehr enthalten. In die Tabellen sind daher Nährpräparate nicht mit aufgenommen.

Gemüse.

Den verschiedenen Gemüsearten ist sämtlich ein hoher, meist zwischen 80 und 95% betragender Wassergehalt eigentümlich, so daß sie nur geringe Mengen Nährstoffe enthalten. Die Zusammensetzung kann im Einzelfall von den in der Tabelle angeführten Mittelwerten wesentlich abweichen. Das dort angegebene „Fett" ist kein wirkliches Fett, die „Kohlenhydrate" sind nur zum kleineren Teil eigentliche Kohlenhydrate.

Die nachstehenden Analysen von Rubner beziehen sich auf 100 g Trockenmasse der Gemüse.

	Gesamt-stickstoff	Äther-extrakt	Zell-membran	Asche	Gesamt-wärmewert
Möhren	1,4	1,8	26	4,7	310
Steckrüben	1,1			4,8	371
Teltower Rübchen	2,3	2,1		7,7	339
Rote Rüben..........	1,6	1,5		5,6	343
Schwarzwurzel	2,8	2,6	13	3,1	311
Meerrettich..........	1,8	0,5	26	7,2	338
Spargel	3,7	2,2	21	5,2	432
Köpfe	5,8		24	8,1	432
Stiele	3,5		21	4,9	435
Wirsing	3,6	5,3	27—30	7,8	285
Grünkohl	5,3	3,3	26	11,5	363
Rotkohl	3,0	1,5		6,3	366
Rosenkohl	5,6	2,2		8,7	329
Spinat	5,0	2,9	27	22,3	188
Kopfsalat	3,9	4,5	30	13	
Brunnenkresse	2,9		14	10,4	
Blumenkohl		0,8	33	8,3	
Gurken	2,9	5,8	23	12	387
Steinpilze	4,9	4,0	12	8	442

Als eine wesentliche Quelle für die Kalorien oder Eiweiß vermögen die Gemüse nicht zu dienen, sofern ihnen nicht bei der Zubereitung hochwertige Zutaten wie Fett oder Mehl zugesetzt werden. Sie sind aber für die Verdauung von hoher Wichtigkeit durch ihren Reichtum an Zellulose (vgl. Allgemeiner Teil S. 61), und durch ihren Wohlgeschmack. Der Zellulosegehalt ist höher als der der Nahrungsstoffe.

	In 100 g des Lebensmittels (vgl. die Einleitung S. 70)							Für den Menschen verwertbar				
	Stickstoff	Fett	Kohlenhydrate	Zellulose	Asche	Wasser	Wärmewert	Stickstoff	Eiweiß	Fett	Kohlenhydrate	Wärmewert
	g	g	g	g	g	g	Cal	g	g	g	g	Cal
	1	2	3	4	5	6	7	8	9	10	11	12
Gemüse[1]:												
Möhren { Karotten	0,2	Spur	9	—	0,7	88	41	**0,1[2]**	**0,5[2]**	**Spur**	**9**	**25**
Möhren { (gew.) Möhren	0,2	,,	9	3,2	1,0	87	41	,,	,,	,,	**9**	,,
Kohlrüben	0,2	,,	7	2,4	0,7	89	33	**0,05[2]**	**0,25-0,4**	,,	**7**	**28**
Steckrüben	0,1	,,	4	—	0,5	94	20	**0,05**	**0,25-0,4**	,,	**4**	**15-20[2]**
Teltower Rübchen	0,5	,,	12	etwa 3	1,3	82	61	**0,2[2]**	**1[2]**	,,	**12**	**26[2]**
Rote Rüben	0,2	,,	7	etwa 3	0,9	90	33	**0,1**	**0,6**	,,	**7**	**30[2]**
Schwarzwurzel	0,2	,,	15	2,5	1,0	80	66	**0,1-0,3**	**1,1[2]**	,,	**15**	**40[2]**
Spargel { ungeschält ..	0,3	,,	2	1,2	0,6	94	16	—	—	,,	**2**	—
Spargel { geschält	0,3	,,	2	1,1	0,5	95	16	**0,1**	**0,6**	,,	**2**	**12-15[2]**
Sellerieknollen	0,2	,,	9	1,2	0,9	87	41	—	—	,,	**9**	—
Radieschen	0,2	,,	4	0,8	0,7	93	20	—	—	,,	**4**	—
Rettich.............	0,3	,,	8	1,6	1,1	87	41	—	—	,,	**8**	—
Meerrettich	0,4	,,	15	6	1,5	77	74	**0,2**	**1**	,,	**15**	**25**
Zwiebeln { Knollen ...	0,2	,,	9	0,7	0,6	88	41	—	—	,,	**9**	—
Zwiebeln { Blätter	0,3	,,	5	1,4	1,1	90	29	—	—	,,	**5**	—
Knoblauch	1,1	,,	26	0,8	1,4	65	135	—	—	,,	**26**	—
Schnittlauch	0,6	0,9	9	2,5	1,7	82	62	—	—	**0,9**	**9**	—
Kohlrabi (Knollen)	0,4	Spur	6	1,2	1,0	89	35	**0,2**	**1**	**Spur**	**6**	**20[2]**
Weißkohl	0,2	,,	4	>2	0,9	92	22	**0,2[2]**	**1[2]**	,,	**4**	**15[2]**
Rotkohl	0,3	,,	4	>2	0,7	92	25	,,	,,	,,	**4**	,,
Wirsing	0,4	,,	4	2,8—3,0	1,2	90	30	**0,4**	**2,3**	,,	**4**	**15**
Grünkohl	0,8	0,9	10	4,9	1,6	81	70	**0,5**	**3[2]**	**0,9**	**10**	**30**
Rosenkohl	0,8	Spur	7	etwa 4	1,5	85	49	**0,5**	**3[2]**	**Spur**	**7**	**25**
Blumenkohl	0,4	,,	4	3,4	0,8	91	27	**0,3**	**2**	,,	**4**	**15**
Spinat (Blätter)	0,4	,,	2	1,9	1,9	93	16	**0,25**	**1,4**	,,	**2**	**10**

[1] Wegen der abzurechnenden Abfälle siehe den Text.　　[2] Bedeutet: Etwa.

Auch der Gehalt an Mineralstoffen ist bei einigen Gemüsen nützlich. Über die Calcium- und Phosphorsäuremengen gibt die folgende Zusammenstellung Aufschluß:

	Gehalt an	
	Calcium	Phosphaten (PO₄) nach der Veraschung

	Calcium	Phosphaten (PO_4) nach der Veraschung
Karotten	0,06%	0,12%
Gewöhnliche Möhren	0,08%	0,17%
Kohlrüben	0,08%	0,14%
Rote Rüben..................	0,04%	0,12%
Steckrüben	0,08%	0,19%
Schwarzwurzel	0,05%	0,33%
Spargel, ungeschält	0,03%	0,14%
Sellerieknollen	0,08%	0,15%
Radieschen	0,07%	0,10%
Rettich	0,07%	0,60%
Meerrettich..................	0,09%	0,16%
Zwiebeln, Knollen	0,09%	0,12%
Zwiebeln, Blätter	0,27%	0,06%
Schnittlauch	0,25%	0,34%
Kohlrabi	0,08%	0,29%
Weißkohl....................	0,12%	0,10%
Wirsing	0,19%	0,13%
Grünkohl....................	0,20%	0,26%
Spinat	0,16%	0,26%
Rotkohl.....................	0,03%	0,08%
Blumenkohl	0,05%	0,08%
Rosenkohl...................	0,03%	0,39%
Kopfsalat	0,09%	0,11%
Endivien	0,07%	0,03%
Rhabarberstengel	0,06%	0,45%
Kürbis (Fruchtfleisch)	0,04%	0,31%
Gurke, geschält	0,02%	0,07%
Tomaten	0,02%	0,09%

Manchen Gemüsearten, insbesondere dem Spinat, sagt man wegen ihres verhältnismäßig hohen Gehaltes an Eisen eine günstige Wirkung auf die Blutbildung nach. Deswegen wird Spinat in der Kleinkinderernährung verwendet; indessen bedarf es noch der endgültigen Klarstellung dieser Wirksamkeit des Spinats (Vitamine?).

Beim Genuß von Rhabarber ist zu beachten, daß er in den Stengeln, die als Kompott zubereitet werden, erhebliche Mengen Oxalsäure enthält, die sich aber bisher nicht als bedenklich erwiesen

	In 100 g des Lebensmittels (vgl. die Einleitung S. 70)							Für den Menschen verwertbar				
	Stickstoff	Fett	Kohlenhydrate	Zellulose	Asche	Wasser	Wärmewert	Stickstoff	Eiweiß	Fett	Kohlenhydrate	Wärmewert
	g	g	g	g	g	g	Cal	g	g	g	g	Cal
	1	2	3	4	5	6	7	8	9	10	11	12
Gemüse[1]: (Fortsetzung)												
Mangold (Blätter)	0,4	Spur	3	>0,8	1,6	92	22	—	—	Spur	3	—
Kopfsalat	0,2	,,	2	1,5	0,9	95	12	0,2[2]	1[2]	,,	2	8[2]
Endivien	0,3	,,	2	>0,6	0,8	94	16	,,	,,	,,	2	9[2]
Grüne Erbsen (unreife, ohne Hülsen)	1,1	,,	12	>1,9	0,9	78	78	0,6	4	,,	12	60–70[2]
Puffbohnen (unreife, ohne Hülsen)	1	,,	8	>2,5	0,8	82	57	0,6	4	,,	8	40–70[2]
Grüne Bohnen	0.4	,,	6	>1,2	0,7	89	37	0,25	2	,,	6	30
Wachsbohnen	0,3	,,	3	>1,0	0,6	93	21	0,2	1,5	,,	3	15–20[2]
Kürbis (Fruchtfleisch) ...	0,2	,,	7	>1,2	0,7	90	33	0,1	0,6	,,	<7	wenig
Gurke { ungeschält	0,1	,,	1	>0,4	0,5	97	7	—	—	,,	1	—
Gurke { geschält	0,1	,,	1	0,5	0,4	98	7	Spur	Spur	,,	1	wenig
Tomaten	0,2	,,	4	0,8	0,6	93	20	Spur	Spur	,,	4	wenig
Sauerkraut	0,2	,,	5 dabei 1,5 Milchsäure	1,0	1,6	91	24	wenig	wenig	,,	5 dabei 1,5 Milchsäure	wenig
Saure Gurken	0,06	,,	1,3 dabei 0,3 Milchsäure		1,7	96	5	Spur	Spur	,,	1,3 dabei 0,3 Milchsäure	Spur

[1] Wegen der abzurechnenden Abfälle siehe den Text. [2] Bedeutet: Etwa.

haben. Rhabarberblätter zu Gemüse zu verwenden, ist dagegen abzulehnen.

Das antiskorbutische **Vitamin** ist hauptsächlich in den Salatarten (Kopfsalat, Brunnenkresse usw.) reichlich enthalten, die deshalb neben Milch und Butter eine leicht zugängliche, aber vielfach noch zuwenig ausgenutzte (S. 46 u. 64) Vitaminquelle bilden. Allerdings ist zu beachten, daß bei der Zubereitung der Gemüse häufig eine längere Kochzeit erforderlich ist, wodurch die hitzeempfindlichen Vitamine zerstört werden. Gemüsekonserven, die ja unter Druck erhitzt werden, sind deshalb in der Regel frei von Vitaminen.

Die an sich schon geringen Nährstoffmengen der Gemüse werden von den menschlichen Verdauungsorganen obendrein noch schlecht ausgenutzt, weil sie von wenig durchlässigen, durch die Verdauungssäfte schwer angreifbaren Zellwänden eingeschlossen sind. Die schlechte Ausnutzung der Gemüse infolge des großen Verlustes im Kot geht aus den nachstehenden Versuchsergebnissen von Rubner hervor:

Prozentische Verluste bei Ernährung mit Gemüse.

	An Trockenmasse	An Zellmembran	An Stickstoff		An Wärmewert	
			im ganzen (Unresorbiertes + Verdauungssäfte)	davon unresorbiert	im ganzen (Unresorbiertes + Verdauungssäfte)	davon unresorbiert
Möhren..........	10	58	39	16	13	4
Steckrüben.......	18	17	56—76	25	22	8
Wirsing..........	19	12	25	5	30	8
Kopfsalat........			43			
Spinat...........		57	34		52	
desgl. beim Säugling		69—100	21—31		38—51	
Steinpilze	36	74	>35	35	>36	36

Feine Vermahlung zu Pulver verbessert die Ausnutzung nicht.

Dazu kommt, daß bei der Zubereitung der Gemüse von dem Rohgewicht meist ein beträchtlicher Anteil als ungenießbarer Abfall entfernt werden muß. Dessen Mengen können innerhalb weiter Grenzen schwanken; einen ungefähren Anhalt über die Abfallmengen bei mittlerer Güte der Marktware gibt die folgende Zusammenstellung:

Rote Rüben................	10%	Abfall
Steckrüben	18%	,,
Spargel	20%	,,
Sellerieknollen	23%	,,
Kohlrabi	16%	,,
Weißkohl	20%	,,
Rotkohl	10%	,,
Wirsing..................	20%	,,
Grünkohl	60%	,,
Rosenkohl	10%	,,

Spinat .... 26% Abfall
Kopfsalat .... 30% „
Rhabarberstengel .... 20% „
Grüne Erbsen (mit Hülsen).. 62% „
Puffbohnen (mit Hülsen) .... 64% „
Grüne Bohnen............... 4% „
Gurken .... 22% „

Bei der küchenmäßigen Zubereitung wird der Nährstoffgehalt der Gemüse noch mehr oder weniger herabgesetzt durch Weggießen des Kochwassers. Die Zweckmäßigkeit dieser Gepflogenheit erscheint daher bei einigen Gemüsen zweifelhaft; sie läßt sich oft nicht umgehen, weil scharfschmeckende und riechende Stoffe auf diese Weise entfernt werden müssen.

Gemüsedauerwaren.

Wegen ihres beträchtlichen Wassergehaltes sind die meisten Gemüsearten nur kurze Zeit haltbar. Deshalb ist man schon seit langer Zeit bestrebt gewesen, Dauerwaren daraus herzustellen, um die in Zeiten des Überflusses vorhandenen Mengen für die gemüsearme Jahreszeit aufheben zu können. Bei den verschiedenartigen Verfahren wird die Haltbarkeit erreicht:

1. durch Erhitzen in luftdicht abgeschlossenen Gefäßen
    a) aus Weißblech (Dosenkonserven),
    b) aus Glas (Verfahren von Weck und anderen);
2. durch Einlegen in Salzlösungen (Salzbohnen);
3. durch Einlegen in Essig (Essiggurken);
4. durch Herbeiführung einer Milchsäuregärung (Sauerkraut, saure Gurken).

Konserven sind im allgemeinen vitaminfrei und daher weniger wertvoll für die Ernährung. Trotzdem verdrängen sie die frischen Gemüse zum großen Teil, weil ihre Zubereitung einfacher ist, sie auch trotz der großen in sie gesteckten Arbeit vielfach billiger sind als die frischen Gemüse.

Küchenkräuter.

Den zahlreichen, als Würzstoffe gebräuchlichen Küchenkräutern
kommt schon deshalb kein unmittelbarer Nährwert zu, weil jeweils
nur sehr kleine Mengen davon zur Verwendung gelangen. Selbst durch
die Zwiebelarten, die manchen Speisen reichlich zugesetzt werden,
führt man dem Körper nur unwesentliche Mengen von Stickstoff und
Wärmewert zu. Die Wirkung der Küchenkräuter liegt ebenso wie diejenige der eigentlichen Gewürze auf geschmacklichem Gebiet. Durch
die darin enthaltenen Geschmacksstoffe wird auch die Absonderung
des Magensaftes gesteigert; so ist z. B. für die gleiche Speise bei ihrer
Zubereitung mit und ohne Zwiebeln folgendes beobachtet worden[1]:

	Zubereitung von Kartoffeln	
	ohne Zwiebeln	mit Zwiebeln
Verweildauer im Magen	150 Min.	270—330 Min.
Menge des Magensaftes	417 ccm	566 ccm
Azidität des Magensaftes	70	90

[1] Wilbrand, G.: Münch. med. Wochenschr. 1920, S. 1174.

Pilze.

Der Zusammensetzung nach sind frische Speisepilze den Gemüsen als Nahrungsmittel ungefähr gleichwertig. Die verbreitete Annahme eines hohen Nährwertes der Pilze ist weit übertrieben. Die Ausnutzung der Stickstoffverbindungen beträgt nach Versuchen von Rubner bei nichtzerkleinerten Pilzen nur etwa 65% (vgl. S. 114), kann auch noch kleiner sein. Bei Verstopfung kann gerade dieser Schlackenreichtum sehr wertvoll sein. Im Stuhlgang finden sich Pilzstückchen wieder. Eine höhere Verdaulichkeit (etwa 85%) fanden Klostermann, Schmidt und Scholta bei Verabreichung von gemahlenen getrockneten Pilzen, die anderen Nahrungsmitteln beigemischt waren. Pilze werden oft mit Fett und Mehl zubereitet, wodurch der Nährwert beträchtlich erhöht wird.

Die Menge der Küchenabfälle bei den Pilzen ist je nach Art und Alter der Pilze sowie nach der Behandlung beim Sammeln sehr verschieden, so daß sich hierüber zahlenmäßige Angaben nicht machen lassen.

	In 100 g des Lebensmittels (vgl. die Einleitung S. 70)							Für den Menschen verwertbar				
	Stickstoff	Fett	Kohlenhydrate	Zellulose	Asche	Wasser	Wärmewert	Stickstoff	Eiweiß	Fett	Kohlenhydrate	Wärmewert
	g	g	g	g	g	g	Cal	g	g	g	g	Cal
	1	2	3	4	5	6	7	8	9	10	11	12
Pilze:												
Steinpilz frisch[1]	0,8	(0,4)	5	1,6	1,0	87	43	**0,4**	**2,5**	**(0,4)**	**5**	**36**[1]
Steinpilz lufttrocken[2]	5,6	(2,7)	36	etwa 10	6,5	13	302	**3,9**	**25**	**(2,7)**	**36**	**210**
Feld-Champignon frisch[1]	0,8	(0,2)	3	—	0,8	90	34	**0,5**	**3,6**	**(0,2)**	**3**	**28**[1]
Feld-Champignon lufttrocken	6,7	(1,7)	30	—	7,0	12	302	**4,5**	**28**	**(1,7)**	**30**	**210**
Pfifferling, frisch[1]	0,3	(0,4)	5	viel	1,2	90	30	**0,2**	**1,3**	**(0,4)**	**5**	**23**[1]
Speisemorchel (Lorchel) frisch[1]	0,5	(0,4)	5	—	1,0	90	34	**0,4**	**2,3**	**(0,4)**	**5**	**24**[1]
Speisemorchel (Lorchel) lufttrocken	4,8	(3,9)	39	—	8,6	12	300	**3,2**	**20**	**(3,9)**	**39**	**215**

[1] Bei viel Abfall entsprechend weniger.
[2] Stark getrocknete und lange aufbewahrte Steinpilze werden nur wenig aufgeschlossen.

Obst.

Die Bedeutung des Obstes beruht auf dem durch seinen Gehalt an Trauben- und Fruchtzucker, Fruchtsäuren und Aromastoffen bedingten Wohlgeschmack, auf seinem Vitamingehalt und seiner meist abführenden Wirkung, wobei Zellulosegehalt und andere Stoffe zusammenwirken.

Der Wassergehalt des Obstes ist hoch, der Gehalt an Eiweiß noch viel geringer als bei den Gemüsen und die Ausnutzung schlecht; der Nährwert ist wegen des Zuckergehaltes meist etwas höher als bei den Gemüsen. Viele Obstarten enthalten verhältnismäßig große Mengen unverdaulicher Rohfaser.

Die nachstehenden, von Rubner herrührenden Analysen geben den Gehalt von 100 g Trockenmasse an:

	Gesamt-stickstoff	Äther-extrakt	Zell-membran	Asche	Gesamter Wärmewert
Äpfel................	0,3—0,5	2,6	8—15	1,1	409
Birnen..............		0,26	19—24	2	
Kirschen............	0,85	1,2	10	2,8	363
Erdbeeren...........	0,9—1,3	1,3	14—24	5—6	375
Rhabarber	2	8,2	27	8,4	338

Steinobstfrüchte, Apfelsinen und Bananen geben viel Abfall, der bei Steinobst etwa 6%, bei Apfelsinen und Bananen etwa 30—33% beträgt.

Eine Banane wiegt ohne Schale 40—240 g. Anfangs enthält sie viel Stärke; der Stärkegehalt wird beim Nachreifen der lagernden Frucht mehr und mehr in Traubenzucker übergeführt[1]. Die Banane wird in manchen Ländern gebraten und geröstet, auch zu Mehl verarbeitet, das aber sehr stickstoffarm ist.

Die schlechte Ausnutzung des Obstes infolge der großen Verluste im Kot geht aus umstehenden Versuchsergebnissen von Rubner und Thomas hervor (S. 120).

Nüsse (z. B. Walnüsse und Haselnüsse), Eßkastanien und Mandeln besitzen infolge ihres hohen Eiweiß- und Fettgehaltes einen hohen Nährwert. Die in eine feste, ungenießbare Schale eingeschlossenen Kerne sind bis auf das sie umgebende Häutchen frei von Zellmembranen und daher so vollverdaulich wie tierische Nahrungsmittel. Vitamine sind vorhanden. Nüsse sind ein sehr wertvolles Nahrungsmittel.

---

[1] Thomas, K.: Arch. f. Anat. u. Physiol., Physiol. Abtlg. 1910, S. 29. — Bailey, M. E.: Journ. of Biol. Chem. Bd. 1, S. 355. 1906.

	In 100 g des Lebensmittels (vgl. die Einleitung S. 70 u. 118)							Für den Menschen verwertbar				
	Stickstoff	Fett	Kohlenhydrate	Zellulose	Asche	Wasser	Wärmewert	Stickstoff	Eiweiß	Fett	Kohlenhydrate	Wärmewert
	g	g	g	g	g	g	Cal	g	g	g	g	Cal
	1	2	3	4	5	6	7	8	9	10	11	12
Obst:												
Kernobst:												
Äpfel	0,06	—	14	1,3—2,5	0,4	84	59	0	0	—	14	40
Äpfel, getrocknet (mit Kernen)..............	0,2	Spur	60	—	1,6	31	250	0	0	Spur	60	200
Birnen	0,06	—	14	3—4,1	0,4	83	59	0	0	—	14	40
Birnen, getrocknet (mit Kernen)..............	0,3	Spur	61	—	1,7	29	258	0	0	Spur	61	200
Feigen, getrocknet ...	0,5	„	61	>7,0	2,5	26	262	0,3[2]	2[2]	„	61	230[2]
Apfelsinen (ohne Schale)	0,1	—	14	>0,5	0,5	84	60					
	Unter Berücksichtigung von 30% Schale:							0	0	—	14	26
Beerenobst:												
Erdbeeren	0,2	—	9	2,0—3,6	0,7	85	41	Spur	Spur	—	9	21
Himbeeren	0,2	—	8	5,7[3]	0,6	84	37	„	„	—	8	etwa 20
Brombeeren	0,2	—	9	4,0	0,5	85	41	„	„	—	9	„ 20
Heidelbeeren	0,1	—	12	2,2	0,4	84	52	„	„	—	12	„ 20
Preißelbeeren	0,1	—	13	1,8	0,3	84	56	„	„	—	13	„ 20
Johannisbeeren	0,2	—	10	4,3	0,7	84	45	„	„	—	10	„ 20
Stachelbeeren	0,15	—	10	2,7	0,5	86	45	„	„	—	10	„ 20
Weintrauben	0,1	—	18	1,2	0,5	79	76	0	0	—	18	61
Korinthen..........	0,25	Spur	69	2,4	1,8	25	290	0	0	Spur	69	230
Rosinen............	0,4	„	64	7,1	1,7	25	271	0	0	„	64	215
Bananen (ohne Schale) .	0,2	—	23	0,8	0,9	74	98	0,07	0,4	—	23	93
	Unter Berücksichtigung von 33—46% Schale:							0,04	0,2 —0,3			50—60
Steinobst[1]:												
Kirschen { süße	0,1	—	16	1,5—1,8	0,5	82	69	Spur	Spur	—	16	40—50
Kirschen { sauere.....	0,15	—	13	—	0,5	85	57			—	13	
Aprikosen..........	0,15	—	12	—[3]	0,7	85	53	Spur	Spur	—	12	35
Aprikosen, getrocknet	0,6	Spur	57	—[3]	3,7	31	250	„	„	Spur	57	160

[1] Wegen der abzurechnenden Abfälle siehe den Text. [2] Etwa. [3] Alle folgenden Zahlen für Zellulose sind vermutlich viel zu niedrig.

Prozentische Verluste bei der Ernährung mit Obst.

	An Trockenmasse	An Stärke	An Zellmembran	An Stickstoff		An Wärmewert	
				im ganzen (Unresorbiertes + Verdauungssäfte)	davon unresorbiert	im ganzen (Unresorbiertes + Verdauungssäfte)	davon unresorbiert
Äpfel	9		22	65—100	65	12	3
Erdbeeren	21		40	92	50	33	12
Bananen, reif ..	8			54		9	
„ halbreif .	22	97		41		22	
„ überreif .	9	17		82		11	

Das Obst wird im Haushalt sowohl als auch gewerblich in den verschiedensten Formen zubereitet. Durch Trocknen wird Dörrobst (Backobst) gewonnen, durch Einkochen mit oder ohne Zucker die Kompotte, durch Auspressen der zerkleinerten Früchte Fruchtsäfte, durch deren Eindicken Obstkraut und mit Zuckerzusatz Gelees, durch Einkochen der Fruchtsäfte mit Zucker Fruchtsirupe, durch Eindicken des gesamten Fruchtfleisches ohne oder mit Zucker die Muse, Marmeladen oder Jams. Praktisch bewährt und gesundheitlich unbedenklich ist auch die Frischhaltung von Obstzubereitungen mit Benzoesäure (1 g in 1 kg fertiger Ware) oder Ameisensäure (2,5 g in 1 kg fertiger Ware). Preißelbeeren enthalten von Natur etwas Benzoesäure.

Der Nährwert dieser Zubereitungen wird im wesentlichen durch den zugesetzten Zucker bedingt. Die Fruchtbestandteile geben den Wohlgeschmack. Der Eiweißgehalt ist sehr gering, die Ausnutzung gut, Vitamine fehlen. Von Bedeutung ist hier neben dem Wohlgeschmack bei manchen Erzeugnissen eine leicht abführende Wirkung (z. B. bei Backpflaumen).

Unter den aus Früchten bereiteten alkoholfreien Getränken sind die wichtigsten die Limonaden, Mischungen von Fruchtsäften mit Wasser und Zucker. Der Nährwert dieser Getränke ist gering und beruht im wesentlichen nur auf dem zugesetzten Zucker. Bei einem Gehalt von 10% Zucker ist der Wärmewert von 100 g Getränk etwa 40 Kalorien. Soweit die Limonaden unter Verwendung künstlicher Süßstoffe (Saccharin oder Dulcin) hergestellt werden, haben sie keinen Nährwert.

Der Genuß von Obst sollte stark gesteigert werden.

	In 100 g des Lebensmittels (vgl. die Einleitung S. 70)							Für den Menschen verwertbar				
	Stickstoff	Fett	Kohlenhydrate	Zellulose	Asche	Wasser	Wärmewert	Stickstoff	Eiweiß	Fett	Kohlenhydrate	Wärmewert
	g	g	g	g	g	g	Cal	g	g	g	g	Cal
	1	2	3	4	5	6	7	8	9	10	11	12
Steinobst[1]: (Fortsetzung)												
Zwetschen, Pflaumen.	0,1	—	17	—	0,5	81	73	Spur	Spur	—	17	40—50
getrocknet (mit Steinen)	0,3	Spur	53	—	2,3	27	225	„	„	Spur	53	130
desgl. ohne Steine ..	0,4	„	65	—	2,5	28	275	„	„	„	65	170
Rhabarber (Stengel) geschälte	0,1	„	3	1,4	0,9	95	16	0,06	0,4	„	3	9
Samenfrüchte:												
Walnüsse (Kerne, lufttrocken)	2,7	58	13	3,0	1,7	7	663	2,5	16	58	13	650
Haselnüsse, (Kerne, lufttrocken)	2,8	63	7	6	2,5	7	684	2,6	16	63	7	670
Eßkastanien (Kerne, frisch)	1,0	4,1	40	1,6	1,4	47	227	0,9	6	4,1	40	220
Mandeln (süße)	3,4	53	14	3,6	2,3	6	636	3,2	20	53	14	620
Paranüsse	2,4	68	4	3,2	3,9	6	710	1,9	11	6S	4	630
Obstsäfte:												
Himbeersaft (aus ungorenen Früchten)	Spur	—	9	—	0,5	90	33	Spur	Spur	—	9	32
Himbeersirup	—	—	69	—	0,2	31	275	0	0	—	69	270
Kirschsaft (aus ungorenen Früchten)	Spur	—	16	—	0,5	83	60	Spur	Spur	—	16	58
Kirschsirup	—	—	69	—	0,2	31	275	0	0	—	69	270
Zitronensaft	Spur	—	9	—	0,5	90	33	Spur	Spur	—	9	32
Marmeladen usw.:												
Apfelkraut	0,1	—	69	—	1,9	28	270	Spur	Spur	—	69	265
Pflaumenmus	0,24	—	56	1,7	0,9	40	230	„	„	—	56	225
Preißelbeeren-Kompott	0,08	—	41	1,5	0,2	57	163	„	„	—	41	160
Marmeladen aus gleichen Teilen Fruchtmark und Zucker..	0,2	—	61	2,7	0,4	35	242	„	„	—	61	237

[1] Wegen der abzurechnenden Abfälle siehe den Text.

Zucker.

Der aus der Zuckerrübe gewonnene Rohrzucker (Rübenzucker) besteht wie der aus dem Zuckerrohr gewonnene, der bei uns nur noch geringe Bedeutung hat, zu fast 100% aus Saccharose. Er wird kurzweg Zucker genannt. 100 g Zucker liefern nahezu 400 Reinkalorien.

Von anderen Zuckerarten kommen für die menschliche Ernährung in Betracht: Milchzucker (Laktose), ein Bestandteil der Milch; der beim Keimen des Getreides sich bildende Malzzucker (Maltose), der z. B. im Malzextrakt und ähnlichen Nährmitteln enthalten ist; der Traubenzucker (Glukose, Dextrose) und der Fruchtzucker (Fruktose, Lävulose), die sich im Saft der meisten süßen Früchte und im Honig vorfinden; das durch Erhitzen von Rübenzucker mit Säuren gewonnene, als „Invertzucker" bezeichnete Gemenge von Traubenzucker und Fruchtzucker, das den wesentlichen Bestandteil des Kunsthonigs bildet.

Honig.

Honig besteht der Hauptmenge nach aus einer konzentrierten wässerigen Lösung von Traubenzucker (Glukose) und Fruchtzucker (Fruktose); außerdem enthält er in geringen Mengen dextrinartige Stoffe, Eiweißstoffe, Mineralstoffe und seinen Genußwert bestimmende Aromastoffe. Der mittlere Wassergehalt beträgt etwa 20%.

An sich ist der Honig ein hochwertiges Nahrungsmittel, doch hat er für die Volksernährung nur untergeordnete Bedeutung. Die in Deutschland jährlich gewonnene Honigmenge beträgt auf den Kopf der Bevölkerung nur etwa 1 kg.

Im Nährwert steht dem Honig der in der Regel durch Behandlung von Rübenzucker mit Säuren bereitete Kunsthonig gleich. Er besitzt dieselben Hauptbestandteile, doch fehlen ihm die Aromastoffe des natürlichen Honigs, die durch künstliche Zusätze vertreten werden. Kunsthonig ist vitaminfrei.

Alkoholische Getränke.

Die alkoholischen Getränke weisen wegen ihres Alkoholgehaltes einen hohen Wärmewert auf, da 1 g Alkohol bei der Verbrennung 7,1 Kalorien liefert und der Alkohol im Körper fast vollständig verbrannt wird. Doch kann der Alkohol höchst schädliche Wirkungen äußern, die seinen Nährwert dem Körper nicht zugute kommen lassen. In der nebenstehenden Tabelle sind die alkoholischen Getränke daher nicht mit aufgeführt.

In gewöhnlichen Trinkbranntweinen (Korn, Klarer, Nordhäuser usw.), auch in den sogenannten Edelbranntweinen (Weinbrand, Arrak, Rum, Obstbranntweine und deren Verschnitte), sind neben ihrem Alkoholgehalt von mindestens 30 g in 100 ccm keine irgend ins Gewicht fallenden Mengen ausnutzbarer Stoffe vorhanden. Liköre dagegen enthalten in 100 ccm neben mindestens 17 g Alkohol 10 bis 45 g Zucker.

	In 100 g des Lebensmittels (vgl. die Einleitung S. 70 u. 122)							Für den Menschen verwertbar				
	Stickstoff	Fett	Kohlenhydrate	Zellulose	Asche	Wasser	Wärmewert	Stickstoff	Eiweiß	Fett	Kohlenhydrate	Wärmewert
	g	g	g	g	g	g	Cal	g	g	g	g	Cal
	1	2	3	4	5	6	7	8	9	10	11	12
Zucker:												
Rübenzucker, Rohrzucker	—	—	99,9	—	bis 0,1	—	395	0	0	—	99,9	390
Milchzucker, rein	0,02	—	99,6	—	0,1	0,2	394	0	0	—	99,6	390
Stärkesirup..........	—	—	83	—	0,6	16	325	0	0	—	83	315
Malzextrakt	0,6	—	75	—	1,5	20	315	0,5	3,5	—	75	300
Honig:	0,05	—	80	—	0,3	19	300	0	0	—	80	um 300

Bei Traubenweinen und Obstweinen ist zu unterscheiden zwischen sog. „trockenen" Weinen, in denen der im Moste ursprünglich vorhandene Zucker fast restlos vergoren ist, und solchen, die noch Zucker enthalten und dadurch Dessertweincharakter haben (Südweine, Süßweine, süße Obstweine).

Im Mittel enthält:

> ein Glas (100 ccm) Rotwein 9 g Alkohol
> „   „ (100 „) Weißwein 8 g   „
> „   „ (100 „) Apfelwein 5 g   „

Die in trockenen Weinen sonst noch vorhandenen Stoffe (Fruchtsäuren, Glyzerin usw.) machen nur etwa 2,5 g Trockenrückstand („Extrakt") in 100 ccm aus.

Der Nährwert des Bieres ist abhängig von der Menge des zum Einbrauen verwendeten Malzes, die in Prozenten „Stammwürze" ausgedrückt wird. 4 Teilen Stammwürze entspricht annähernd 1 Teil durch Gärung entstandener Alkohol. Einfachbier ist ein Bier mit bis zu 5,5%, Schankbier ein solches mit 8—9%, Vollbier ein solches mit 9—14% und Starkbier ein solches mit mehr als 14% Stammwürzegehalt.

Man unterscheidet ferner zwischen obergärigen und untergärigen Bieren; zu jenen gehört das Weißbier, zu den untergärigen oder Lagerbieren die nach bayerischer oder böhmischer Art gebrauten.

Es enthalten im Mittel:

	Extrakt	Alkohol
100 ccm Portwein	10 g	16 g
100 ccm Malaga	22 g	12 g
$^{1}/_{2}$ l Einfachbier	13,5 g	7 g
$^{1}/_{2}$ l Schankbier	18,5 g	11 g
$^{1}/_{2}$ l Vollbier	30 g	16 g

Die alkaloidhaltigen Genußmittel Kaffee, Tee, Kakao, ihre Ersatzmittel und Zubereitungen.

Für den Genußwert des Kaffees sind lediglich die wasserlöslichen Stoffe von Bedeutung. Diese betragen im Durchschnitt etwa 25—30% des gerösteten Kaffees. In 25 g Auszug von 100 g Kaffeepulver sind hauptsächlich Röstprodukte, daneben etwa 1,7 g Stickstoffverbindungen, darunter etwa 1,5 g Koffein (nur geringe Mengen von Koffein verbleiben im Kaffeesatz), ferner etwa 5,2 g Öl und 4,1 g Mineralstoffe enthalten.

Die Kaffee - Ersatzstoffe geben im allgemeinen gehaltreichere Wasserauszüge als der Kaffee; so betragen sie z. B. beim Zichorienkaffee 50—80%, beim Malzkaffee 35—60% und beim Feigenkaffee 40—80% des verwendeten Kaffee-Ersatzstoffes. Sie sind koffeinfrei.

Auch für den Genußwert des Tees kommt nur der wässerige Auszug in Frage. Die in Wasser löslichen Stoffe des Tees betragen etwa 30—40%, darunter etwa 2% Koffein.

Werden für eine Tasse starken Kaffee von 150 ccm Inhalt etwa 7,5 g Kaffee verwendet, so enthält die Tasse etwa 0,1 g Koffein. Für eine gleich große Tasse Tee braucht man dagegen nur 1—2 g Tee; eine Tasse Tee enthält etwa 0,02—0,04 g Koffein. Dabei ist jedoch zu berücksichtigen, daß man im allgemeinen größere Mengen Tee zu sich nimmt als Kaffee.

Kaffee- und Teeaufguß haben, abgesehen bei Milch- und Zuckerzusatz, keinen Nährwert. Sie enthalten weder Eiweiß noch Vitamine. Kaffee besitzt einen hohen Sättigungswert, Tee dagegen einen verhältnismäßig geringen. Ihre Eigenschaft als Genußmittel verdanken sie neben ihrem Wohlgeschmack der Wirkung des Koffeins (bei Kaffee auch der Röstprodukte, bei Kaffee-Ersatzstoffen nur dieser) auf das Nervensystem und auf die Abscheidung von Magensaft.

Zur Bereitung von Kakaogetränk dient das Kakaopulver, das „schwach entölt" oder „stark entölt" in den Handel kommt, je nachdem der aus der Kakaobohne gewonnenen Kakaomasse etwas mehr als die Hälfte oder etwa $^{1}/_{4}$ des ursprünglich 55% betragenden Fettgehaltes ent-

	In 100 g des Lebensmittels							Für den Menschen verwertbar				
	Stickstoff	Fett	Kohlenhydrate	Zellulose	Asche	Wasser	Wärmewert	Stickstoff	Eiweiß	Fett	Kohlenhydrate	Wärmewert
	g	g	g	g	g	g	Cal	g	g	g	g	Cal
	1	2	3	4	5	6	7	8	9	10	11	12
Kakao usw.:												
Kakaopulver { schwach entölt..	3,5	bis 28	33 und mehr	5,7	5,3	6	bis 486	2,6	15	bis 28	33 und mehr	380 —430
stark entölt..	4,1	13	41	6,7	6,2	7	396	3	18	13	41	360
Schokolade mit 55% Zucker	1,1	22	65	1,8	1,7	2	500	0,8	5,2	22	65	450

zogen wird. Bei der Bereitung von Kakao aus Kakaopulver wird nicht, wie bei Kaffee und Tee nur der. wässerige Auszug, sondern alles mit-genossen. Kakao ist bezüglich der Sekretion des Magensaftes dem Kaffee und dem Tee noch überlegen und besitzt einen hohen Sättigungswert. Außerdem hat Kakao einen hohen Eiweißgehalt und — namentlich infolge seines Gehaltes an dem leicht resorbierbaren Kakaofett — erheblichen Wärmewert. Doch gehen von dem Wärmewert 9%, vom Stickstoff 25% verloren. Auf eine Tasse gezuckerten Kakao aus 5 g Kakaopulver und 8 g Zucker kommen 1 g Eiweiß und 45—55 Ka-lorien; durch Milchzusatz wird der Eiweißgehalt entsprechend erhöht. Der Theobromingehalt einer solchen Tasse beträgt etwa 0,1 g. Kakao ist vitaminfrei. Als Verweildauer im Magen sind für 2 Tassen $2^1/_2$ Stun-den, als Menge Magensaft 300—400 ccm beobachtet worden.

Unter Schokolade versteht man eine Mischung von etwa 45% nicht entfetteter Kakaomasse und 55% Zucker, unter Haferkakao und Eichelkakao Mischungen von Kakaopulver mit Hafermehl oder Eichelmehl.

Übersichtstabelle.

In der folgenden Tabelle sind Durchschnittswerte angegeben, aber in anderer Form als bisher: nur „Reinkalorien" und „Reineiweiß", und zwar nicht für 100 g berechnet, sondern für 1 kg. Wie die letzten Spalten der anderen Tabellen, gelten sie nicht für den eßbaren Teil, sondern für das Gesamtgewicht der gekauften Ware; nur die Angaben für Fleisch beziehen sich auf schieres Fleisch, so daß das Knochengewicht vorher abzuziehen ist. In der letzten Spalte sind Bemerkungen über Wertigkeit des Eiweißes und über Vitamingehalt beigefügt; gemeint ist das antiskorbutische Vitamin, da der Mangel an dem antineuritischen Vitamin bei uns praktisch bedeutungslos ist.

Die Tabelle ist für die Beurteilung und Zusammenstellung der Kost in Kasernen, Gefängnissen, Krankenhäusern, bei Schulspeisungen usw. gedacht.

	Wärmewert Reinkalorien auf 1 kg	Eiweiß g in 1 kg	Bemerkungen
Rindfleisch, fett	3000	180	
Rindfleisch, mittelfett ...	1500	190	
Rindfleisch, mager	1150	200	
Kalbfleisch, fett	1710	180	höchster Sättigungswert,
Kalbfleisch, mager	1110	210	höchster Eiweiß-
Hammelfleisch, fett	3300	160	gehalt,
Hammelfleisch, mittelfett	1350	180	biologisch sehr
Hammelfleisch, mager ...	1110	190	hochwertiges
Schweinefleisch, fett.....	3620	150	Eiweiß
Schweinefleisch, mittelfett	2550	170	
Schweinefleisch, mager ..	1400	200	
Schinken, fett	4200	240	
Speck, fett	7800	27	
Speck, durchwachsen ...	5100	130	
Fettgewebe	8200	—	
Pferdefleisch...........	1100	200	
Lunge	950	170	
Leber..................	1350	190	
Gans, bratfertig........	3500	100	vitaminhaltig
Huhn, fett	1150	135	
Huhn, mager	640	150	

	Wärmewert Reinkalorien auf 1 kg	Eiweiß g in 1 kg	Bemerkungen
Corned beef	1250	200	
(je nach Fettgehalt)	—2700	—240	
Würste	900	100	
(je nach Sorte)	—5300	—260	
Hering, frisch	650	70	vitaminhaltig
Scholle, Flunder	330	70	
Schellfisch, Kabeljau	300	70	
Aal	2250	90	vitaminreich
Karpfen	700	80	vitaminhaltig
Hecht, Schleie, Zander	350	80	
Flunder, geräuchert	500	110	
Hering, geräuchert, Bückling .	900	110	
Pökelhering, auch mariniert .	1550	130	
Stockfisch (getrockneter Schellfisch oder Dorsch) ..	2500	560	
Klippfisch (gesalzener und getrockneter Schellfisch oder Dorsch)	4100	310	
Stockfisch, gewässert	630	140	
Klippfisch, gewässert	900	200	
Dorschrogen, gesalzen	1000	150	
Eier, 1 kg (mit Schale)	1300	110	} vitaminreich
Eier, 1 Stück	75 (45—100	6,5 (4—9)	
Marktmilch	540	31	vitaminhaltig
Kuhmilch, fettreich	630	31	vitaminreich
Magermilch	300	30	vitaminfrei
Kondensierte Milch (unge- .. zuckert, auf die Hälfte eingedickt)	1200	50	vitaminfrei
Trockenmilch	4750	230	vitaminhaltig
Rahmkäse	3950	150	} vitaminhaltig
Fettkäse, z. B. Holländer, Schweizer	3750	250	
Halbfetter Käse, z. B. Limburger, Parmesan	2500	300	
Magerkäse, z. B. Harzer, Mainzer	1670	350	

	Wärmewert Reinkalorien auf 1 kg	Eiweiß g in 1 kg	Bemerkungen
Butter	7800	5	vitaminreich
Margarine	7600	4	vitaminfrei
Schweineschmalz, Talg, Palmin	9200	0	Rindertalg vitaminhaltig
Feines Weizenmehl	3050	100	vitaminfrei
Gerstengraupen, grobe	3000	50—80	
Hafermehl für Grütze	3600	120—130	vitaminhaltig
Reis	3200 —3450	60—65	wertvolles Eiweiß
Maismehl, Maisgrieß	3160	70—80	Eiweiß wenigwertvoll
Roggenbrot	2000 —2200	30—40	etwas vitaminhaltig
Pumpernickel	2070	40	
Grobes Weizenbrot	2100	60	
Feinstes Weizenbrot	2200 —2700	75—90	
Keks....................	3900	100—130	
Kartoffeln mit Schale	560—740 bei Kartoffeln mit viel Abfall entsprechend weniger	11—16	wertvolles Eiweiß, hoh. Sättigungswert, wenig vitaminhaltig
Erbsen, trocken, mit Schale	2800 —3000	150—160	Eiweiß wenig wertvoll
Bohnen, trocken, mit Schale	2600 —3100	170	
Erbsen, frisch (ohne Hülsen), und grüne Bohnen	500—670	40	
Möhren....................	240	4	
Steckrüben	230	2—3	
Teltower Rübchen..........	245	10	
Rote·Rüben	270	5	
Schwarzwurzel	360	10	
Spargel....................	150	4	
Rotkohl	135	10	
Wirsingkohl...............	120	20	
Grünkohl	240	25	
Spinat	110	12	vitaminreich
Salat....................	80	10	vitaminreich
Gurken, Tomaten	wenig	wenig	vitaminhaltig

	Wärmewert Reinkalorien auf 1 kg	Eiweiß g in 1 kg	Bemerkungen
Steinpilze	360	25	
	bei viel Abfall entsprechend weniger		
Äpfel (mit Schale)	400	—	vitaminhaltig
Apfelsinen (mit Schale)	260	—	vitaminreich
Erdbeeren	210	Spur	vitaminhaltig
Weintrauben	610	—	
Bananen (mit Schale)	500—600	2—3	
Walnüsse (mit Schale)......	2300	50	} vitaminhaltig
Haselnüsse (mit Schale)	2600	60	
Rhabarberstengel (ungeschält)	70	3	
Kakaopulver	3600 —4300	150—180	
Schokolade	4500	50	

Literatur für den besonderen Teil.

I. Nahrungsmittelchemisches.

König: Chemie der menschlichen Nahrungs- und Genußmittel. 4. Aufl. u. Er-
gänzungsbände. Berlin: Julius Springer 1903—1923.
Entwürfe zu Festsetzungen über Lebensmittel. Hrsg. v. Reichs-Gesund-
heitsamt. Berlin: Julius Springer 1912—1915.
v. Ostertag: Handbuch der Fleischbeschau. 7. u. 8. Aufl. Stuttgart: Enke
1922/23.
König und Splittgerber: Bedeutung der Fischerei für die Fleischversorgung
im Deutschen Reich. Berlin: Parey 1909.
— — Zeitschr. f. Unters. d. Nahrungs- u. Genußmittel Bd. 18, S. 497. 1909.
Ulrich: Arch. d. Pharmazie Bd. 249, S. 68. 1911.
Weitzel: Mitt. d. deutschen Seefischereivereins Bd. 31, S. 5. 1915.
Fleischmann: Lehrbuch der Milchwirtschaft. 5. Aufl. Berlin: Parey 1915.
Kirchner: Handbuch der Milchwirtschaft. 6. Aufl. Berlin: Parey 1919.
Teichert: Milch und Molkereierzeugnisse. Leipzig: Akad. Verlagsges. 1919.
Grimmer: Leitfaden der Milchhygiene. München, Leipzig: Keim und Nemmich
1922.
Weidemann und Singer: Zeitschr. f. Unters. d. Nahrungs- u. Genußmittel
Bd. 39, S. 69. 1920.
Koestler: Mitt. a. d. Geb. d. Lebensmittelunters. u. Hyg. Bd. 14, S. 82. 1923.
Nauricio: Die Nahrungsmittel aus Getreide. Berlin: Parey 1917—1919.
Meumann, M. P.: Brotgetreide und Brot. 2. Aufl. Berlin: Parey 1923.
v. Schleinitz: Landwirtschaftl. Jahrb. Bd. 52, S. 131. 1918.
Beythien: Zeitschr. f. Unters. d. Nahrungs- u. Genußmittel Bd. 6, S. 1095. 1903.
Beythien, Bohrisch und Hempel: Ebenda Bd. 11, S. 651. 1906.
Farnsteiner: Ebenda Bd. 6, S. 1. 1903.
Günther: Der Wein. Leipzig: Akad. Verlagsges. 1918.
Juckenack: Was haben wir bei unserer Ernährung im Haushalt zu wissen?
Die Volksernährung. H. 6. 4. Aufl. Berlin: Julius Springer 1924.
Waentig: Arb. a. d. Reichs-Gesundheitsamte Bd. 23, S. 315. 1906.

II. Ernährungsphysiologisches.

Die Literatur bis 1908 findet sich bei
Cohnheim: Die Physiologie der Verdauung und Ernährung. Berlin: Urban
& Schwarzenberg 1908.
Von sonstiger Literatur sind vornehmlich benutzt:
Schwenkenbecher: Nährstoffgehalt und Nährwert der Speisen. 3. Aufl.
Leipzig: Thieme 1914.
Schall und Heisler: Nahrungsmitteltabelle. 6. Aufl. Leipzig: Kabitzsch 1921.
Gesundheitsbüchlein: Bearbeitet im Reichs-Gesundheitsamt. 17. Aufl. Berlin:
Julius Springer 1917.

Ewald: Diät und Diätotherapie. 4. Aufl. Berlin: Urban & Schwarzenberg 1915.
v. Noorden und Salomon: Handbuch der Ernährungslehre. Bd. I. Berlin: Julius Springer 1920.
Zuntz, Loewy, Müller, Caspari: Höhenklima und Bergwanderungen. Berlin: Bong & Co. 1906.
Neumann, R. O.: Die im Kriege 1914—1918 verwendeten und zur Verwendung empfohlenen Brote, Brotersatz- und Brotstreckmittel. Berlin: Julius Springer 1920.
Rubner: Nährwert einiger wichtiger Gemüsearten und deren Preiswert. Berlin: August Hirschwald 1916; Berlin. klin. Wochenschr. Bd. 53, S. 385. 1916.
Cohnheim und Klee: Zeitschr. f. physiol. Chem. Bd. 78, S. 464. 1912.
Durig: Denkschr. d. Akad. d. Wiss., Wien, Mathem.-naturw. Kl. Bd. 86, S. 1. 1911.
Neumann, R. O.: Arch. f. Hyg. Bd. 58, S. 1. 1906.
Thomas: Arch. f. Anat. u. Physiol., Physiol. Abt. 1910 (Suppl.), S. 29, 249.

Rubner und Thomas: Ebenda 1916, S. 165.
Rubner: Ebenda Jg. 1915—1918, zahlreiche Abhandlungen.
Thomas und Pringsheim: Ebenda 1918, S. 25.
Thomas: Zentralbl. f. Physiol. Bd. 28, S. 769. 1914.
Mendel und Swartz: Americ. journ. of the med. sciences Bd. 139, S. 422. 1910.
Osborne und Mendel: Science N. S. Bd. 34, S. 722. 1911; Proc. of the soc. f. exp. biol. a. med. Bd. 13, S. 145. 1915—1916; Journ. of biol. chem. Bd. 17, 20, 22, 26, 29, 33, 34, 37, 41, 42, 44. 1914—1920.
Wilbrand: Münch. med. Wochenschr. Bd. 67, S. 1174. 1920.

Sachverzeichnis.

Die fett gedruckten Ziffern bezeichnen die Seiten, auf denen sich die Zusammensetzung der betreffenden Lebensmittel findet.

Die Volksernährung. Veröffentlichungen aus dem Tätigkeitsbereiche des Reichsministeriums für Ernährung und Landwirtschaft. Herausgegeben unter Mitwirkung des Reichsausschusses für Ernährungsforschung.

1. Heft: Das Brot. Von Professor Dr. med. et phil. R. O. Neumann, Geheimer Medizinalrat, Direktor des Hygienischen Instituts der Universität Bonn. 114 Seiten. 1922. RM 1.40

2. Heft: Nahrungsstoffe mit besonderen Wirkungen unter besonderer Berücksichtigung der Bedeutung bisher noch unbekannter Nahrungsstoffe für die Volksernährung. Von Professor Dr. med. et phil. h. c. Emil Abderhalden, Geheimer Medizinalrat, Direktor des Physiologischen Instituts der Universität Halle a. S. 26 Seiten. 1922. RM 0.80

3. Heft: Öle und Fette in der Ernährung. Von Professor Dr.-Ing. Dr. phil. A. Heiduschka, Direktor des Laboratoriums für Lebensmittel- und Gärungschemie der Technischen Hochschule Dresden. 84 Seiten. 1923. RM 0.60

4. Heft: Unsere Lebensmittel vom Standpunkt der Vitaminforschung. Wird voraussichtlich die weitere Erforschung der physiologischen Bedeutung der Vitamine die bisherige Herstellung, Zubereitung und Beurteilung der Lebensmittel wesentlich beeinflussen? Von Professor Dr. phil. A. Juckenack. Geheimer Regierungsrat, Ministerialrat im Preußischen Ministerium für Volkswohlfahrt, Direktor der Staatlichen Nahrungsmittel-Untersuchungsanstalt Berlin. Zur Zeit vergriffen

5. Heft: Die Verwertung des Roggens in ernährungsphysiologischer und landwirtschaftlicher Hinsicht. Nach Versuchen von Professor C. Thomas-Leipzig, Professor A. Scheunert-Leipzig, Privatdozent W. Klein-Berlin, Maria Steuber-Berlin, Professor F. Honcamp-Rostock, Dr. C. Pfaff-Rostock und dem Berichterstatter mitgeteilt von Max Rubner, Geheimer Obermedizinalrat, Professor an der Universität Berlin. Mit 1 Abbildung. III, 51 Seiten. 1925. RM 2.40

6. Heft: Was haben wir bei unserer Ernährung im Haushalt zu beachten? Von Professor Dr. A. Juckenack, Geheimer Regierungsrat, Ministerialrat im Preußischen Ministerium für Volkswohlfahrt, Direktor der Staatlichen Nahrungsmittel-Untersuchungsanstalt Berlin, Honorarprofessor an der Technischen Hochschule Berlin. Vierte, unveränderte Auflage. (16.—20. Tausend.) Zur Zeit vergriffen

7. Heft: Deutschlands Versorgung mit Nahrungs- und Futtermitteln. Von R. Kuczynski. In 4 Teilen.

Erster Teil: Statistische Grundlagen. Von R. Kuczynski und P. Quante. VIII 176 Seiten. 1926. RM 7.50

Zweiter Teil: Pflanzliche Nahrungs- und Futtermittel. Von R. Kuczynski. VI, 406 Seiten. 1926. RM 19.50

Dritter Teil: Tierische Nahrungs- und Futtermittel. Von R. Kuczynski. IV, 147 Seiten. 1927. RM 6.90

Vierter Teil: Ernährungs- und Fütterungsbilanz. Von R. Kuczynski. V, 85 Seiten. 1927. RM 5.70

Die weiteren Hefte werden behandeln:

Das Verderben und die Zerstörung der Lebensmittel durch pflanzliche und tierische Schädlinge. Von Professor Dr. med. et phil. R. O. Neumann, Geheimer Medizinalrat, Direktor des Hygienischen Staatsinstituts, Hamburg.

Der Verlust an Lebensmitteln im Haushalt und in der Küche. Von Professor Dr. med. et phil. R. O. Neumann, Geheimer Medizinalrat, Direktor des Hygienischen Staatsinstituts Hamburg.

Zucker und andere Süßstoffe. Von Dr. phil. et med. Theodor Paul, o. Professor an der Universität München, Geheimer Regierungsrat und Obermedizinalrat, Direktor der Deutschen Forschungsanstalt für Lebensmittelchemie.

Nahrung und Ernährung des Menschen. Kurzes Lehrbuch. Von Dr. phil.,
Dr.-Ing. h. c., Dr. ph. nat. h. c. **J. König,** Geheimer Regierungsrat, o. Professor
an der Westfälischen Wilhelms-Universität Münster i. W. Gleichzeitig 12. Auflage der „Nährwerttafel". VIII, 213 Seiten. 1926.
RM 10.50; gebunden RM 12.—

Die Grundlagen unserer Ernährung und unseres Stoffwechsels.
Von Professor Dr. **Emil Abderhalden,** Geheimer Medizinalrat, o. ö. Professor
der Physiologie an der Universität Halle a. d. S. Mit 11 Textfiguren. D r i t t e,
erweiterte und umgearbeitete Auflage. VIII, 166 Seiten. 1919.   RM 3.40

Ernährung und Stoffwechsel in ihren Grundzügen dargestellt.   Von Dr.
Graham Lusk, Professor der Cornell-Universität in New York. Ins Deutsche
übertragen und herausgegeben von Dr. L e o H e ß in W i e n.   Mit einem
Vorwort von Professor Dr. M. R u b n e r. Z w e i t e, erweiterte Auflage.
1 Abbildung. X, 368 Seiten. 1910.   RM 7.—; gebunden RM 8.—
Verlag J. F. Bergmann, München

Lexikon der Ernährungskunde. Herausgegeben von Dr. **E. Mayerhofer,**
Professor an der Universität Zagreb, und Dr. **C. Pirquet,** Professor an der
Universität Wien. Vollständig in 5 Lieferungen. 1923—1926. Broschiert RM 53.20
Zusammen in einen Halblederband gebunden RM 62.—
Die Lieferungen sind auch einzeln käuflich.
Die einzelnen Artikel des „Lexikons der Ernährungskunde" behandeln u. a. folgende Gebiete:
Nahrungsmittel- und Nährmittelindustrie. — Abfall- und Gärungsindustrie. — Marktwesen
und Einkaufslehre. — Nahrungsmittelvertrieb. — Nahrungsmittelverbrauch. — Nahrungs-
mittelverarbeitung. — Müllerei. — Bäckerei. — Wild- und Jagdlehre. — Landwirtschaft. —
Pflanzenbau, Feld- und Gartenwirtschaft, Vieh-, Geflügel- und Bienenzucht, Molkereiwirtschaft.
Verlag von Julius Springer, Wien

Appetit. („Aus den Vorträgen in der Gesellschaft der Ärzte in Wien.") Von
Arnold Durig, o. ö. Professor für Physiologie an der Universität und Vor-
stand des Physiologischen Universitätsinstitutes in Wien. 52 Seiten. 1925. RM 1.25
Verlag von Julius Springer, Wien

Kochlehrbuch und praktisches Kochbuch für Ärzte, Hygieniker, Hausfrauen, Kochschulen. Von Professor Dr. **Chr. Jürgensen** in Kopenhagen.
Mit 31 Figuren auf Tafeln. XXXVI, 465 Seiten. 1910. RM 8.—; geb. RM 9.—

Richtlinien für die Krankenkost zum Gebrauch in Krankenhäusern, Privat-
kliniken, Sanatorien. Von Dr. **A. von Domarus,** Direktor der Inneren
Abteilung des Auguste Victoria-Krankenhauses Berlin-Weißensee.
2. Auflage erscheint Ende Oktober

Zeitschrift für Untersuchung der Lebensmittel. Fortsetzung der „Zeitschrift für Untersuchung der Nahrungs- und Genußmittel sowie der Gebrauchs-
gegenstände". Organ des Vereins Deutscher Nahrungsmittelchemiker und unter
dessen Mitwirkung herausgegeben von Dr. **A. Bömer,** Professor an der Universität, Vorsteher der Versuchsstation Münster i. W., Dr. **A. Juckenack,**
Geh. Regierungsrat, Professor, Präsident der Staatlichen Nahrungsmittel-
Untersuchungsanstalt, Berlin, Dr. **J. König,** Geh. Regierungsrat, Professor an
der Universität Münster i. W., Dr.-Ing. h. c., Dr. phil. nat. h. c.
Erscheint monatlich einmal mit der Beilage **„Gesetze und Verordnungen
sowie Gerichtsentscheidungen betreffend Lebensmittel",** jährlich 2 Bände.
Bis Herbst 1928 erschienen 55 Bände.   Preis pro Band RM 48.—